KB276031

# TAIL TALE
# COCKTAIL

# TAIL TALE
# COCKTAIL


**초판발행** 2017년 7월 31일
**초판 3쇄** 2019년 1월 11일

**글·그림** 김성욱
**펴 낸 이** 채종준
**기    획** 양동훈
**편    집** 박미화
**디 자 인** 김정연
**마 케 팅** 송대호

**펴낸곳** 한국학술정보(주)
**주소** 경기도 파주시 회동길 230 (문발동)
**전화** 031 908 3181(대표)
**팩스** 031 908 3189
**홈페이지** http://ebook.kstudy.com
**E-mail** 출판사업부 publish@kstudy.com
**등록** 제일산-115호(2000. 6.19)

**ISBN** 978-89-268-7934-4 13590

일러스트로 만나는 칵테일북

# TAIL TALE
# COCKTAIL

테일 테일 칵테일

글 · 그림 김성욱

## 칵테일이란 놈은 무엇일까?

칵테일을 현재 알려져 있는 개념의 '칵테일Cocktail'로 한정하지 않고 '섞이는 술(혼성주)'의 개념으로 본다면, 그 역사는 정말 오래전으로 거슬러 올라가야 한다. 술이라는 것을 마시기 시작했을 때부터 우리 조상들은 물이나 다른 것을 섞어 마셨을 테니 말이다. 그렇게 옛날부터 시작된 칵테일은 세월이 흘러오는 동안 나름의 역사를 만들어냈다. 모든 것이 그러하듯이.

이제, 조금 더 자세하게 칵테일이 어떻게 생겨 먹은 놈인지 알아볼까?

**칵테일은 재미난 놈이다.**

높낮음(재료의 가격)과 좌우(재료의 다양함)를 가리지 않고, 어떤 음식이나 어떤 대상, 어떤 장소와도 어울린다. 같은 칵테일이라 해도 만드는 법에 차이가 있음은 물론이요, 아예 다른 모양과 맛을 내는 경우도 있다.

**칵테일은 멋진 놈이다.**

캐주얼한 술이지만 어떤 격식 있는 자리에도 모자라지 않는다. 여러 가지 기준으로 분류할 수 있지만, 결코 그 수를 다 셀 수 없을 만큼, 밤하늘의 별처럼 많은 칵테일들이 존재한다.

**칵테일은 매력적인 놈이다.**

섞이는 술과 재료는 물론이요, 당시의 분위기와 감정까지 섞여 각기 다른 맛과 느낌을 만들어낸다.

자, 일단 칵테일을 만나보자.
이렇게 재밌고 멋지고 매력적인 칵테일을 모르고 지나간다면,
딱 칵테일만큼의 즐거움을 모르고 살아가는 것일 테니…….

# Contents

# 칵테일이 되기까지

자, 우선 칵테일Cocktail이라는 단어에서부터 시작해보자. 칵테일이란 단어의
유래에 대해선 정확한 이야기가 없다. 그저 각각의 추측과 주장들이 뒤섞여,
그럴듯한 이야기들이 전해지고 있을 뿐이다. 다만 가장 오래된 기록이 1700
년대 후반이니 그 이전부터 칵테일이란 단어가 사용되었을 것으로 보고 있
다. 이처럼 이름부터 '설'이 많다는 점 역시 칵테일이 가진 매력 중 하나이
다. 그럼 한 번쯤은 들어봤음 직한 굵직한 이야기들을 풀어보자.

먼저 멕시코 어느 항구의 술집에서 일하는 소년에 관한 이야기다. 어느 날 소년은 수탉의 꽁지깃을 이용해 혼합주를 만들고 있었다. 이때 그 앞을 지나가던 선원이 "그게 뭐냐?"고 묻자, 소년은 그 질문을 손에 들고 있는 것이 뭐냐고 묻는 것으로 착각하여 "꼴라 데 가죠Cola de Gallo."라고 답한다. 수탉의 꽁지깃이란 뜻의 'Cola de Gallo'가 영미권에 들어오면서 'Tail of Cock'으로 바뀌고, 이 말이 줄어 'Cocktail'이라 부르게 됐다는 설이다.

미국에서 유래됐다는 이야기도 있다. 18세기 중엽 영국의 식민지령이었던 미국에서 여관을 운영했던 미망인이 있었다. 그녀는 여관 바Bar에서 펀치Punch를 내놓으며 멋진 수탉의 꽁지깃으로 장식하였다. 독립 전쟁에서 승리하여 영국으로부터 미국이 독립하게 되자 이를 축하하기 위해 여관엔 많은 군인이 모여들었다. 군인들은 장식된 깃털을 보며 이게 무엇이냐고 물었고, 미망인은 "도망간 영국 사람이 기르던 닭의 꽁지"라고 대답했다. 병사들은 웃으면서 "Cock-tail", 즉 수탉의 꼬리를 외치며 술을 마셨다. 여기에서 'Cocktail'이란 이름이 생겨났다고 한다.

켄터키 투계장에 관한 이야기도 재미있다. 투계장에서 많은 돈을 잃은 한 사람이 화가 나 술을 마시러 갔다. 그는 돈을 잃게 한 수탉의 꽁지깃으로 여러 종류의 술을 저어 섞어 마셨다고 한다. 이를 보던 사람들이 섞어 만든 술을 'Cocktail'이라 부르게 되었다는 설이다.

프랑스에서 넘어왔다는 이야기도 있다. 미국 뉴올리언스로 이주한 프랑스 출신 의사 페이쇼Peychaud는 자신이 만든 혼합주를 코크티에Coquitier라고 불렀다. 코크티에는 프랑스어로 '닭 장수'나 '달걀 장수' 혹은 '달걀을 담는 작은 그릇이나 컵'을 뜻하는데, 페이쇼는 술을 만드는 과정에서 코크티에를 지거Jigger, 술의 용량을 재는 도구로 사용했다. 즉 'Cocktail'이란 명칭이 'Coquitier'에서 비롯했다는 설이다. 실제 페이쇼는 칵테일 새즈락Sazerac에 사용되는 페이쇼스 비터스Paychaud's Bitters를 만든 장본인이기도 하다.

이런 이야기들 외에도 수많은 가설이 있으나, 대부분의 이야기가 어떻게든 수탉의 꽁지깃과 연결된다. 하지만 명확하게 밝혀진 기원은 없다. 프랑스에선 칵테일을 코케텔Coquetel이라 하는데, 이는 '꼬리가 잘린 잡종 경주마'를 뜻하기도 한다. 코케텔의 꼬리가 마치 수탉의 꼬리와 닮았기에 그렇게 불린 것일 수도 있고, 페이쇼의 코크티에가 미국에서 칵테일로 불리다가 다시 프랑스로 넘어가서 일수도 있다. 항구의 소년 이야기 역시 칵테일이 멕시코로 넘어간 뒤의 이야기일 수 있으며, 어쩌면 펀치처럼 인도에서 넘어왔을지도 모를 일이다. 이런저런 이야기들이 섞여서 조금씩 커지고 살이 붙어 칵테일이 되었다. 하물며 이런 다양한 이야기들이 얽힌 'Cocktail'이라는 단어조차 칵테일의 성격과 무척이나 잘 어울린다.

이렇게 이름 붙여진 칵테일은 여러 모습으로 변하며 지금의 모습을 갖추게 되었다. 초기의 칵테일은 올드 패션드 스타일Old fashioned Style로 증류주와 물, 설탕 그리고 비터스Bitters가 섞인 형태였다. 이후 제빙기의 등장으로 언제든지 얼음을 사용할 수 있게 되고, 전쟁과 금주법의 시기를 지나면서 여러 재료가 혼합된 술의 대부분을 칵테일이라 부르게 되었다. 심지어 술이 들어가지 않더라도 여러 재료를 섞어 어떤 음료가 만들어지기만 하면, 일단 칵테일이라 부를 만큼 말이다.

칵테일 대부분은 재료들의 혼합으로 만들어진다. '주재료'인 술에 다양한 '부재료'를 섞어 만든다. 이때 부재료로는 주재료와 다른 술부터 과일, 음료

등 여러 재료들을 사용할 수 있다. 그렇기에 칵테일에 대해 알려면 일단 주 재료인 술에 대해 알아야 할 필요가 있다.

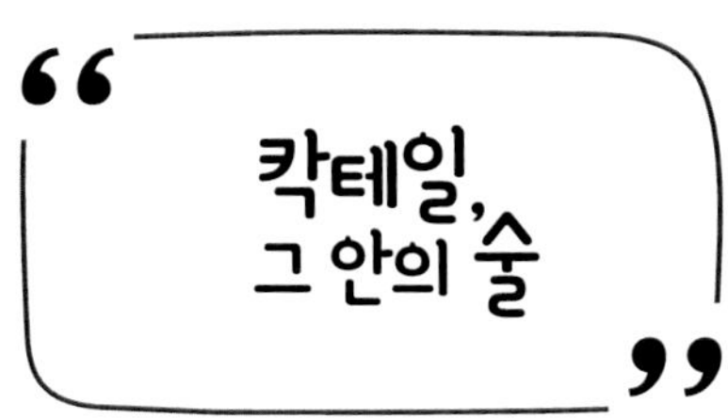


술은 인간들이 스스로 이 세상을 지배한다는 착각을 하기 이전부터 혹은 인류가 생기기 이전부터, 어쩌면 신神들이 세상을 지배하고 있었을 때부터 존재해왔을지도 모른다. 그 옛날 처음 술을 만들었다고 전해지는 신 디오니소스(바쿠스)는 여러 입맛에 맞게 나른함, 기분이 좋아지는 향료, 기쁨, 솔직함, 슬픔, 분노 등을 재료로 사용했다고 한다. 그리고 마지막으로 빠지지 않고 꼭 넣는 재료가 있었으니, 바로 망각과 후회였다. 그리하여 술을 마시는 이는 나른함과 행복, 기쁨, 솔직함을 거쳐 슬픔과 분노를 지나 최후엔 망각과 후회를 맛보게 된다. 그러니 가능한 한 마지막 재료는 맛보지 마시기를.

신들의 시대를 지나 인간들이 세상에 나타났을 때, 이들이 처음 만나게 된 술은 들판이나 숲에 남겨진 열매들이 자연스레 숙성되면서 생겨난 것이었다. 수렵과 채집 생활을 할 시기 먹을 게 없거나 호기심에, 아니면 그저 어쩌다가 이를 주워 먹은 인류는 아마도 신세계를 발견했으리라. 이후 농경과 목축 생활을 시작하면서 가축을 이용해 술을 만드는 등 여러 가지 시도와 시행착오를 거치면서 술은 현재와 같은 형태로 발전해왔다. 이렇게 술이란 인간들과 함께 어울리고 움직이며 함께 살아왔다.

술은 법적으로 세분화하거나 여러 기준에 따라 더 자세히 나눌 수 있지만, 여기서는 만들어지는 방식에 따라 크게 세 가지로 분류했다. 먼저 자연스럽게 생기고 자라난 과일과 곡식이 발효되는 과정에서, 아니면 이 과정을 발전시켜 만들어지는 '발효주', 발효주를 끓여서, 즉 증류해서 만드는 '증류주', 마지막으로 술에 여러 재료를 섞어 만드는 '혼성주', 즉 리큐어 Liqueur 이다.

늘 그렇듯 술이란 것도 파고들면 끝이 없다. 여기서는 발효주, 증류주, 혼성주를 대표하는 술들이 무엇인지, 특히 칵테일에서 많이 사용되는 술로는 어떤 것들이 있는지 살펴보자. 더불어 우리 전통주에 대해서도 알아보도록 하자.

# 1. 발효주(양조주)

발효주(양조주)는 말 그대로 발효를 통해 만들어지는 술이다. 당분이 있는 열매를 그대로 발효시켜 만드는 과실주나 와인, 곡류를 당화糖化시켜 만드는 맥주, 막걸리, 청주 등이 여기에 속한다. 다른 방식들보다 훨씬 더 오래되고 자연스러운 방식으로 만들어지는, 그야말로 그 안에 세월이 담겨 있다고 말할 수 있는 술이다.

## 1) 맥주

맥주는 우리에게 가장 친숙한 술 중 하나로 맥麥, 즉 보리로 만드는 대표적인 발효주다. 수천 년 전 메소포타미아 지역의 수메르인들이 곡물로 만든 빵에 맥아와 물을 넣어 발효시킨 것을 맥주의 기원으로 보고 있다. 이것은 자연스럽게 유럽으로 건너갔는데, '비어Beer'의 어원이 되는 라틴어 '비베레Bibere'나 게르만어의 '베오레Bior'를 통해 그 여정을 짐작할 수 있다. 맥주는 8세기 후반쯤 홉이 첨가되면서 점차 지금과 같은 모습을 갖추게 되었다.

우리가 맥주를 구별하는 가장 간단한 방법은 병에 들어있으면 병맥주, 캔에 들어있으면 캔맥주, 잔에 나오면 생맥주로 부르는 것일 테다. 이 역시 틀린 말은 아니지만, 맥에 효모를 넣어 발효시킬 때 고온에서 발효시키느냐 아니면 저온에서 발효시키느냐에 따라 크게 두 종류로 나뉜다.

### 상면발효 Top Fermenting : 에일 Ale

상면발효는 10~25도의 고온에서 떠오르는 효모를 사용하는 방식이다. 라거 Lager 계열보다 더 많은 홉을 사용하기 때문에 색깔과 향, 맛이 라거보다 진한 편이다. 상면발효 맥주는 그 대표 종류인 에일로 통칭하여 부르거나, 비교적 가벼운 맛의 페일 에일 Pale Ale, 에일 계열의 흑맥주인 스타우트 Stout, 포터 Porter 등으로 구별하기도 한다. 그 밖에 지역과 재료별로 세분화되는 경우가 많다.

### 하면발효Bottom Fermenting : 라거Lager

하면발효란 5~10도의 비교적 저온에서, 바닥에 가라앉은 효모를 사용하여 맥주를 만드는 방식이다. 상대적으로 늦은 19세기에 와서야 정립된 방식이지만, 그 맛이 부드럽고 가벼워 현재는 생산되는 맥주의 70% 이상이 이 방식으로 만들어진다. 하면발효 맥주 역시 그 대표 종류라 할 수 있는 라거로 통칭하여 불리기도 하지만, 양조용수나 색깔 등에 따라 달리 부르기도 한다. 양조용수로 연수를 사용한 경우엔 필스너Pilsener로, 경수를 사용한 경우엔 뮌헤너Munchener로 불린다. 또한 흑맥주를 흔히 둥켈Dunkel로 부르는데, 이는 독일어로 '어두운dark'이란 뜻이다. 이 외에 지역에 따라 유럽, 아메리카, 독일 등 더 세분화하여 구별하기도 한다.

이렇듯 맥주에는 수많은 종류가 있으며, 그 수는 갈수록 점점 더 늘어나고 있다. 유명하지만 쉽게 구할 수 없었던 수입 맥주들도 이제는 어렵지

않게 구할 수 있게 되었고, 소규모 양조장에서 만드는 크래프트Craft 계열
의 맥주들도 점점 인기를 끌고 있다. 개성이 없었던, 아니 개성이란 것이
존재할 수 없었던 국산 맥주도 주세법 개정과 함께 점점 발전하고 있다.
아직 갈 길이 멀고 험하지만, 좋은 술을 만들기 위해 애쓰는 이들이 많기
에 어렵지만은 않을 것으로 생각한다. 좋은 술을 위해 애쓰는 그들을 위
해 한잔. 치얼스~

## 2) 와인

우리나라에서도 이제 와인Wine은 쉽게 접할 수 있는 술이 되었다. 와인에 관한 수많은 자료들과 그로부터 파생되는 다양한 문화를 통해 와인의 영향력이 어느 정도인지 짐작할 수 있다. 사람들이 와인에 매력을 느끼게 되는 이유는 각기 다르겠지만, 그들 모두는 입을 모아 말한다. 와인과 사랑에 빠졌다고.

와인은 프랑스어로 뱅Vin, 독일어로 바인Wein, 이탈리아어로 비노Vino, 포르투갈어로 비뉴Vinho라 하며, 모두 비눔Vinum이라는 라틴어에서 유래된 것으로 본다. 인류 문명과 함께 발전해온 와인은 포도의 원산지로 알려진 중앙아시아에서 시작해 그리스와 로마를 거쳐 유럽 일대에 전파되었고, 유럽의 많은 술들이 그렇듯 수도원을 통해 발전하면서 역사의 흐름을 타고 널리 퍼져나가게 되었다.

포도는 껍질에 천연 효모가 있어 발효되기 좋은 조건을 갖추고 있으므로 발효주를 만들기에 적합하다. 무엇보다 포도가 잘 자랄 수 있는 지리적 여건과 관리가 굉장히 중요한데, 포도를 수확하고 발효시키는 그리 복잡하지 않은 과정에서 포도라는 원재료의 특징이 결과에 그대로 나타나기 때문이다. 생산지, 품종, 수확한 해를 표시하는 빈티지Vintage 등을 가치 있게 여기는 이유도 이들이 곧 와인 품질에 대한 정보를 제공하기 때문이다.

와인의 분류 방법은 굉장히 다양하다. 여기서는 색상과 제조 방식, 맛, 용도, 숙성기간 등 가장 기본적인 몇 가지 분류 방법에 따랐다.

# • 색상에 따른 분류

레드 와인       화이트 와인       로제 와인

### 레드 와인Red Wine

우리에게 가장 익숙한 와인으로 붉은빛을 띠는 적포도를 발효시켜 만든다. 껍질도 함께 발효시키는데, 그 과정에서 껍질에 있는 타닌Tannin과 안토시아닌Anthocyanin이 맛과 향을 만들어낸다. 포도 품종으로는 카베르네 소비뇽Cabernet Sauvignon, 메를로Merlot, 피노 누아Pinot Noir, 가메Gamay, 시라Syrah 등이 있다.

## 화이트 와인 white wine

주로 청포도르 사용해 만드는데, 레드 와인과 달리 포도 껍질을 제거하고 즙을 내어 발효시킨다.[1] 그 때문에 타닌의 함량이 적어 상대적으로 가볍고 부드러운 특징이 있으며, 오래 숙성시키지 않고 신선한 상태에서 마시곤 한다. 유명한 품종으로는 샤르도네 Chardonnay, 소비뇽 블랑 Sauvignon Blanc, 세미뇽 Sémillon, 리슬링 Resling, 게 뷔르츠 트라미너 Gewürztraminer 등이 있다.

## 로제 와인 Rose Wine

레드 와인과 화이트 와인의 중간색인 장밋빛을 띠고 있다. 레드 와인처럼 껍질을 같이 발효시키다가 색이 나왔을 때 껍질을 빼고 다시 발효시켜 만든다. 또한 드문 방식이긴 하나 프랑스 샹파뉴 Champagne 지역에서는 레드 와인과 화이트 와인을 섞어 만들기도 한다. 로제 와인은 화이트 와인의 성향에 가까우면서도 가벼운 타닌의 맛을 느낄 수 있다.

---

1. 가끔 껍질을 벗겨낸 적포도로 화이트 와인을 만들기도 한다.

• 제조 방식에 따른 분류

### 스파클링 와인 Sparkling Wine

파티에서 즐겨 마시곤 하는 스파클링 와인은 발효가 끝난 와인에 당분과 효모를 넣고 2차로 발효시켜 탄산가스를 만들어낸 와인이다. 널리 알려져 있는 샴페인 Champagne이 가장 대표적이다. 샴페인이란 말 그대로 프랑스 상파뉴 지역에서 생산되는 발포성 와인을 가리킨다.

### 주정강화 와인 Fortified Wine

일반 와인이 발효되고 나서 혹은 발효되는 도중 브랜디 등을 넣어 알코올 도수를 17~22도 정도까지 높인 와인을 말한다. 스페인에서 생산되는 셰리 와인Sherry wine과 포르투갈의 포트와인Port Wine이 대표적이며, 그 외 대표적인 주정강화 와인으로는 프랑스에서 만들어지는 뱅 두 나뛰렐Vin Doux Naturel, 이탈리아의 마르살라Marsala, 서아프리카의 마데이라Madeira 등이 있다.

### 내추럴 와인 또는 스틸 와인Natural Wine or Still Wine

스파클링 와인이나 주정강화 와인과 대비하여, 별다른 가공을 거치지 않은 보통의 와인을 말한다. 탄산을 넣지 않았다는 의미에서 스틸 와인, 브랜디를 첨가하지 않았다는 의미에서는 내추럴 와인이란 표현을 사용한다.

## • 맛에 따른 분류

단맛이 얼마나 많이 나는지, 보다 정확히 말하면 1L당 단맛을 내는 포도당이 얼마큼 포함되어 있는지에 따라서 와인을 분류하는 것으로 우리에게 비교적 익숙한 방식이다. 1L당 포도당이 18g 이상으로 단맛이 많이 나는 경우 스위트 와인Sweet Wine, 포도당이 10g 미만으로 단맛이 거의 없는 경우 드라이 와인Dry Wine, 그 중간일 경우에는 미디엄 드라이 와인Medium Dry Wine으로 부른다.

## • 용도에 따른 분류

언제 어떤 용도로 마시느냐에 따라 와인을 구별하기도 한다. 식전에 마시는 와인은 애피타이저 와인Appetizer Wine, 식사 중 마시는 와인은 테이블 와인Table Wine, 식후 디저트와 함께 마시는 와인은 디저트 와인Desert Wine이라고 한다.

## • 숙성 기간에 따른 분류

숙성 기간에 따라 와인을 분류하기도 한다. 영 와인Young Wine은 전혀 숙성하지 않았거나 통상적으로 1~2년, 최대 5년 이하로 숙성한 와인을 말한다. 5~10년 정도 숙성한 와인은 에이지드 와인Aged wine 혹은 올드 와인Old Wine이라고 한다. 15년 이상 숙성한 와인의 경우 그레이트 와인Great Wine으로 따로 분류하기도 한다.

# 2. 증류주

알코올은 물보다 끓는점이 낮기에 술을 가열하면 그 안에 담긴 알코올이 물보다 먼저 기체가 된다. 이를 따로 모아 차가운 공기에 접촉시키면 보다 순수한 고농도의 알코올을 얻을 수 있다. 이러한 과정을 거쳐 얻어진 술을 증류주라 한다. 증류주는 기원전 수천 년 이집트, 메소포타미아, 중국 등지에서 시작됐으나 획기적인 발전을 이룬 것은 중세 시대로 화학과 증류, 침전, 분류법 등의 기초를 닦아놓은 연금술사들 덕분이다. 진Gin, 위스키Whisky, 보드카Vodka, 브랜디Brandy, 럼Rum을 비롯하여 우리나라 소주, 중국 바이주白酒, 스칸디나비아 아케비트Akevitt 그리고 아락Arag 등이 증류수에 속한다.


## 1) 진

다른 재료와 잘 어울리는 술로 칵테일의 주재료로 많이 쓰인다. 칵테일의 대명사인 마티니Martini나 진토닉Gin & Tonic의 베이스로 사용된다. 다른 증류주도 그렇지만, 그중에서도 진은 특히 의약품으로 많이 사용되었다. 1600년대 초반 네덜란드의 의사 프란시스쿠스 실비우스Franciscus Sylvius가 진을 만들었다고 하는데 강한 향을 줄이는 등의 좀 더 개량된 진을 만들었을 뿐, 실제로는 이전부터 해열과 이뇨 작용에 많이 사용되었던 것으로 보인다.

### 게네베르Genever

진의 시작은 게네베르 혹은 예네베르Jenever라 불렸던 네덜란드 술에서 시작된다. 게네베르란 네덜란드어로 노간주나무 열매인 주니퍼 베리Juniper berry를 의미하며, 이 열매는 진의 필수 재료 중 하나이다. 게네베르는 30년 전쟁(1618~1648) 시기 네덜란드에 파병되었던 군인들을 통해 영국으로 수입되었고, 이때부터 진이란 짧은 이름으로 불리게 된다. 영미권에선 술김에 내는 용기를 네덜란드식 용기, 즉 더치 커리지Dutch Courage라고 하는데, 이는 당시 군인들이 진을 마셨던 데서 기원한다고 한다. 현대의 진과 달리 어느 정도 단맛을 갖고 있다.

### 런던 드라이진London Dry Gin

영국으로 건너간 진은 시간이 지나면서 점점 더 드라이해진다. 대량으로 생산되면서 단맛이 옅어졌고, 토닉 워터Tonic Water를 섞어 마시는 것이 유행했는데 이는 전반적인 흐름이었다. 오늘날 진이라 하면 대개는 이 런던 드라이진을 말한다. 비록 런던이란 지명이 붙지만, 런던이나 영국에서 만들어지는 진만을 가리키는 것은 아니다. 런던 드라이진이 되기 위한 조건은 증류나 재증류 과정에서 주니퍼 베리를 넣어 함께 증류하는 것이다.

증류가 끝난 뒤 열매의 풍미만을 더하는 진은 진정한 런던 드라이진이라 할 수 없다.

## 올드 톰 진Old Tom Gin

네덜란드 진과 런던 진의 중간 단맛을 갖고 있고, 시기상으로도 두 술을 잇는 역할을 한다. 최근 들어 올드 톰 진은 두 종류의 진 사이에 '잃어버린 고리The Missing Link'라 불리며, 다시 찾는 사람들이 조금씩 늘어나고 있다.

올드 톰 진을 말할 때 항상 따라오는 것이 바로 커다란 술통 위에 앉아 있는 검은 고양이Tom Cat or Cat Tom이다. 이 고양이는 올드 톰Old Tom 혹은 톰 진Tom Gin이라 불리며 밀주의 상징처럼 여겨졌는데, 그 사정은 이러하다. 네덜란드에서 영국으로 건너간 진은 당시 영국의 상황과 함께 누구나 쉽게 술을 제조 판매할 수 있었던 법령으로 인해 급속도로 퍼지게 된다. 하지만 모든 급격한 성장이 그렇듯 진 역시 심각한 성장통에 시달린다. 값싼 진이 대량으로 만들어지면서 진 자체가 싸구려 술로 인식되는가 하면, 사회 문제의 원인으로까지 지목되었다. 이에 영국 정부는 진 판매를 통제하기에 이른다. 18세기 영국에서 가게를 운영했던 더들리Captain Dudley Bradstreet는 단속을 피해 진을 팔기 위해 한 가지 아이디어를 낸다. 그는 술통 위에 고양이 조각상을 만든 뒤, 사람들이 고양이 입에 동전을 넣으면 고양이에게 연결된 튜브에서 진이 나오도록 만들었다. 재치 있는 이 진 자동판매기(?)는 순식간에 런던의 다른 술집으로 퍼져나갔다. 주로 가게 밖에서 손님이 '푸푸!'하고 고양이를 부르면, 주인은 '야옹~'이라 답하며 진을 파는 식이었다고 한다.

사실 진이라기보다 리큐어로 분류된다. 영국에선 자두의 일종인 슬로 베리 Sloe Berry를 야생에서 쉽게 볼 수 있었는데, 보기와 달리 신맛이 너무 강해 그냥은 먹기 힘들었다고 한다. 그래서 과실만을 자연적으로 발효시켜 과실주를 만들거나 술에 담가 마시게 되었고, 특히 진에 담글 때 좋은 맛과 풍미를 내었다. 현재는 대부분의 리큐어 브랜드가 그러하듯이 과실의 향과 맛을 추출해 가미하는 방식으로 만들어진다. 물론 소수이긴 하나 여전히 전통 방식대로 슬로 베리를 숙성시키거나 진을 첨가하여 슬로 진을 만드는 경우도 있다. 도수는 보통 15~30도이며 유럽에서는 25도 이상의 도수를 지닌다. 숙성 과정에서 당분이 생기거나 만들 때 설탕을 첨가하기 때문에 단맛을 갖고 있다.

유명한 진 브랜드로는 비피터Beefeater, 탱커레이Tanqueray, 고든스Gordon's, 봄베이 사파이어Bombay Sapphire, 볼스 게네베르Bols Genever 등이 있다.

## 2) 위스키

'생명의 물'을 뜻하는 게일어 우스게 바하 Uisge Beatha가 어원인 위스키는 가깝게 위치한 두 나라, 아일랜드와 스코틀랜드에서 거의 같은 시기에 제조하기 시작한 것으로 보고 있다. 논란의 여지는 있지만 다른 술들이 그러하듯이 위스키 역시 12세기 무렵 아일랜드 수도사들의 손에 만들어졌을 가능성이 높다. 위스키는 곡물을 당화시켜 발효한 후 증류 과정을 거쳐 오크통에서 숙성시켜 만들어진다. 이때 보관하는 통과 숙성 기간 등에 따라 다른 색과 향을 가지게 된다.

위스키의 영문 표기는 두 가지이다. 'Whisky'와 'Whiskey'. 스코틀랜드는 'Whisky'라고 표기하는 반면 아일랜드에서는 'Whiskey'를 사용한다. 미국은 대부분 'Whiskey'를 쓰나 몇몇 제품은 'Whisky'를 사용하기도 한다. 캐나다와 일본 등 다른 나라들도 대부분 'Whisky'로 표기하니, 아일랜드와 미국에서만 'Whiskey'를 사용한다고 생각하면 된다.

위스키는 크게 나라별로 분류된다. 나라마다 법이 다르고 주재료와 제조 방법 또한 다르기 때문이다. 그리고 각 나라 안에서 다시 다양하게 분류된다.

보통 4대 위스키 생산국 하면 스카치위스키Scotch Whisky의 스코틀랜드, 아이리시 위스키Irish Whiskey의 아일랜드, 아메리칸 위스키American Whiskey의 미국, 캐나디안 위스키Canadian Whisky의 캐나다를 말한다. 때에 따라서는 새롭게 위스키 강국이 된 일본을 포함하여 5대 생산국이라 하는 경우도 있다.

### 스카치위스키 Scotch whisky

위스키의 성지가 널려 있는 곳인 스코틀랜드. 아일랜드와 위스키 종주국의 자리를 놓고 설전 중이나 그리 큰 신경은 쓰고 있지 않은 듯하다. 스카치위스키에는 보리로 만든 몰트위스키Malt Whisky와 옥수수, 밀, 호밀 등의 곡물로 만든 그레인위스키Grain Whisky, 몰트위스키와 그레인위스키를 섞어 만드는 블렌디드 위스키Blended Whisky가 있다. 최소 3년 이상 오크통에서 숙성시켜야 하며, 일반적으로 몰트위스키는 단식 증류기에서, 그레인위스키는 연속식 증류기에서 증류한다.

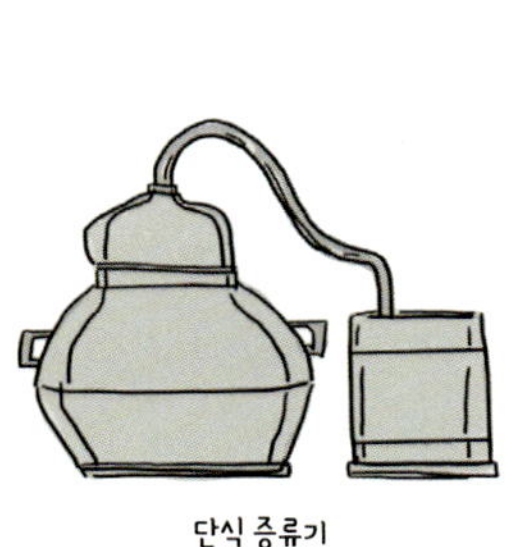

단식 증류기

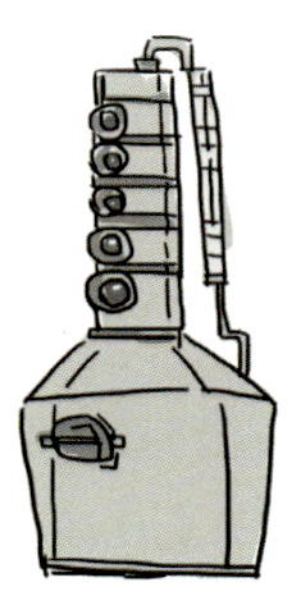

연속식 증류기

몰트위스키: 보리를 발아시켜 당화시키는 과정, 즉 몰팅 Malting을 거쳐 단식 증류한다. 이때 같은 증류소에서 단식 증류기로 증류하며, 오직 보리, 물, 효모 세 가지 원료만 사용하여 만든 위스키를 싱글 몰트위스키라 한다. 싱글 몰트위스키는 생산량이 적고, 그 대부분을 블렌디드 위스키를 만드는 데 사용한다. 스카치위스키 시장의 90%를 블렌디드 위스키가 차지하고 있으니 이는 자연스러운 일이며, 많은 싱글 몰트 증류소가 지금까지 유지될 수 있었던 이유이기도 하다. 일반적으로 싱글 몰트위스키는 고급 위스키로 인식되며, 어떤 이들은 위스키의 길로 접어들면 결국 싱글 몰트의 골목으로 들어갈 수밖에 없다고 말한다.

그레인위스키: 과거 싱글 몰트위스키가 대부분 그랬듯 그레인위스키도 대부분 블렌디드 위스키를 만드는 데 쓰이기에 싱글 그레인위스키를 접하기란 쉽지 않다. 최근 싱글 몰트위스키의 폭발적 관심과 더불어 싱글 그레인위스키 제품에 대한 호기심도 높아지고 있다. 우리나라에는 헤이그 클럽 Haig Club이란 제품이 출시되어 있다.

블렌디드 위스키: 우리가 흔히 볼 수 있는 스카치위스키 대부분을 차지한다. 실제 위스키 중 가장 많이 팔리는 제품도 블렌디드 위스키인 조니 워커 Johnnie Walker이다. 여러 종류의 싱글 몰트위스키와 그레인위스키를 섞어 만들기 때문에 위스키의 품질은 기본이고 그 과정을 진행하는 전문가인 마스터 블렌더 Master Blender의 손길이 매우 중요하다. 어찌 되었건 블렌디드 위스키는 주어진 조건에서 가장 좋은 결과물을 만들어내는 위스키다. 그것이 가격이건 맛이건.

유명한 스카치위스키 브랜드로는 조니 워커, 글렌피딕 Glenfiddich, 시바스 리갈 Chivas Regal, 발렌타인 Ballantine's 등이 있다.

## 아이리시 위스키Irish Whiskey

논란이 있긴 하지만, 현재 기록상 가장 먼저 위스키가 생겨난 곳은 아일랜드이다. 아이리시 위스키는 아일랜드산 보리를 사용하여 대형 단식 증류기에서 3회 증류하여 만든다.

아이리시 위스키는 오랫동안 영국의 지배를 받아왔던 아일랜드와 비슷한 길을 걸어왔다. 1919년 미국의 금주법 시행은 다른 나라들엔 미국 시장에 진출할 수 있는 절호의 기회였으나, 영국으로부터 독립 전쟁(1918~1921)을 치르고 있던 아일랜드에는 그렇지 못했다. 아이리시 위스키의 최대 판매처였던 미국으로의 수출길이 아예 막혀 버렸고, 1921년 독립 이후에는 영국을 비롯한 다른 영연방국가에도 수출을 할 수 없었다. 독립 후 바로 이어진 내전으로 증류소 대부분이 문을 닫게 되면서 상황은 점점 더 나빠졌다. 그러다 아이리시 커피Irish Coffee의 인기로 힘을 내고, 1988년 얼마 남지 않은 증류소를 페르노리카Pernod Ricard 사에서 인수하여 제임슨Jameson을 주력 상품으로 내세우면서 아이리시 위스키 시장에도 생기가 돌아오게 된다. 이후 여러 증류소들이 다시 문을 열고 영광의 날을 준비하고 있다. 원래 세월을 견뎌온 것, 즉 전통이라는 것은 입혀진 색을 쉽게 잃지 않는 법이다. 그것을 잘 아는 아이리시 위스키는 여전히 전통적인 생산 방식을 고수하고 있다.

## 아메리칸 위스키American Whiskey

미국의 식민지 역사와 함께하는 술이다. 미국으로 건너온 이주자들은 고향의 증류 기술을 가져와 정착시켰다. 생산 초기 카리브해의 당밀 등 수입에만 의존했던 원료가 자국에서 생산되는 재료로 대체되며 아메리칸 위스키가 탄생하였다.

증류업자들은 세금을 피해 켄터키와 테네시 주로 몰려들었고, 이때 켄터키 주 버번 지역의 옥수수를 이용하여 위스키를 만든 것이 아메리칸 위스키를 대표하는 버번위스키Bourbon Whiskey의 시작이었다. 버번의 가장 큰 특징은 내부를 태운 오크통에서 숙성시킨다는 점이다. 이는 증류업자이자 목사였던 엘라이져 크레이그Elijah Craig가 오크통을 재사용하기 위해 내부를 태웠던 일에서 시작된 것으로, 현재 미국 법령상으로도 버번이라 하면 51% 이상의 옥수수를 사용하고 내부를 태운 오크통에서 숙성한 위스키로 정의된다. 이 외에 호밀을 51% 이상 사용할 경우에는 라이 위스키Rye Whiskey로, 옥수수를 80% 이상 사용하되 내부를 태우지 않은 오크통을 사용하면 콘 위스키Corn whiskey로 부른다. 마찬가지로 보리를 51% 이상 사용하면 아메리칸 몰트위스키가 된다.

## 캐나디안 위스키Canadian Whisky

18세기 미국과 영국에서 건너온 이주민들로부터 시작되었다. 이들이 만든 초창기 증류주는 미국 소비자를 위한 것이었고 품질도 그다지 좋지 않았다. 하지만 시간이 지나면서 하이램 워커Hiram Walker 사의 위스키처럼 인기 있는 위스키들이 생겼고,[2] 때마침 시행된 미국의 금주법은 캐나다 주류업에 막대한 영향을 미쳤다. 캐나디안 위스키는 금주법 시대 미국에서 소비되는 위스키 대부분을 차지하면서 양적으로나 질적으로 큰 발전을 했다. 금주법이 폐지된 이후에도 위스키 특성상 숙성 기간이 필요했기에 아메리칸 위스키가 대량으로 공급되기는 어려웠다. 그리고 이미 오를 대로 오른 캐나디안 위스키의 인기 역시 쉽게 꺼지지 않았다. 금주법이라는 바람은 아이리시 위스키라는 배에는 태풍이었지만, 캐나디안 위스키라는 배에는 순풍이었다고 할까. 주로 호밀을 원료로 쓰며, 캐나다에서 증류한 후 3년 이상 숙성 기간을 거쳐야 한다는 법 규정이 있다.

2. 하이램 워카 사의 위스키는 초기 클럽 등지에서 많은 인기를 끌어 캐나디안 클럽(Canadian Club)이라는 이름이 붙었다.

스카치위스키를 제외한 유명 위스키 브랜드로는 아메리칸 위스키의 짐 빔Jim Beam과 잭 다니엘Jack Daniel's, 아이리시 위스키의 제임슨, 캐나디안 위스키의 캐나디안 클럽Canadian Club 등이 있다.

## 3) 보드카

무색, 무미, 무취를 특징으로 하는 보드카는 '물'이란 뜻을 가진 슬라브어 '보다Voda'가 그 어원이다. 보드카가 등장하는 가장 오래된 기록은 14세기 폴란드 문헌이며, 물론 그 이전부터 만들어졌을 것으로 여겨진다. 보드카는 감자, 호밀, 옥수수, 보리 등 대부분의 곡물로 만든다. 곡물을 당화시켜 발효하고 증류하는 단순한 방식을 거쳐 만들어지는 만큼 보드카는 가장 순수한 증류주라고 할 수 있다. 어떻게 보면 개성이 없다는 게 약점일 수도 있으나 이는 보드카의 가장 큰 장점이자 인기 비결이기도 하다. 물과 같이 자신 이외의 것들도 잘 받아들이는 순수함은 칵테일에 사용하기에 더없이 좋은 성질이다. 실제로 보드카는 오늘날 칵테일 시장에서 가장 큰 바람을 불어 일으키고 있다.

가장 순수하고 단순한 증류주인 보드카는 숙성 기간, 색, 지역 등으로 종류를 구분하기 어렵다. 그냥 보드카는 보드카인 것이다. 심지어 어떤 재료로 만들어야 한다는 기준조차도 없어 술이 되는 재료라면 대부분 보드카로 만들 수 있다. 단, 보드카 전쟁Vodka War의 결과로 감자, 곡류, 당밀 이외의 재료가 들어갔을 때는 그것을 표기해야 하지만 말이다.

러시아에서 북유럽까지, 일명 '보드카 벨트Vodka Belt' 안의 나라들은 모두 보드카를 자신들의 것이라 생각한다. 그중에서도 러시아와 폴란드는 1970년경부터 여러 문헌과 증거를 들이대며 종주국 싸움을 벌여왔다. 이것이 보드카 전쟁이다. 보드카 전쟁은 무승부로 끝났는데, 이후 포도를 증류한 디아지오의 시락Ciroc 같은 향미를 첨가하거나 다른 재료를 사용한 보드카가 인기를 얻게 되자, 보드카 벨트 안의 나라들은 힘을 합쳐 감자, 보리, 곡류, 당밀 이외의 재료로 만들어지는 증류주를 어떻게 보드카로 부를 수 있냐고 목소리를 높였다. 이렇게 해서 2차 보드카 전쟁이 발발한다. 결국 2차 보드카 전쟁은 감자, 곡류, 당밀 외의 재료로 만들어지는 보드카에는 원재료를 표기해야 한다는 결론으로 일단락되었다.

보드카의 유명 브랜드로는 스톨리치나야Stolichnaya, 스미노프Smirnoff, 앱솔루트Absolut, 그레이 구스Grey Goose, 스카이Skyy 등이 있다.

## 4) 브랜디

증류 기술이 아랍의 연금술사로부터 유럽의 수도사들에게 전해진 후 그들은 증류 기술을 나름대로 발전시켜왔다. 그중에서 발효주인 와인을 증류하는 경우도 있었는데, 가장 오래된 기록은 13세기 의사이자 연금술사인 아르노 드 빌뇌브Arnaud de Villeneuve의 논문에 등장한다. 아쿠아 비테Aqua Vitae, 즉 '생명의 물'이라고 언급한 것을 볼 때 다른 증류주들이 그렇듯 이 역시 의약품으로 사용되었던 것을 알 수 있다. 이후 브랜디가 널리 알려진 것은 네덜란드 무역상들이 와인의 양을 줄여 세금을 피하고, 운반을 쉽게 하며, 변질을 방지하고, 품질이 좋지 않은 와인을 보관하기 위해서 와인을 증류하고 유통하면서부터였다. 증류한 와인을 네덜란드어로 '태운 와인'이라는 뜻의 브란데웨인Brandewijn이라 불렀고, 짐작하듯이 이 브란데웨인이 지금의 브랜디가 되었다.

이렇듯 브랜디라는 것은 와인을 증류한 것이니 포도를 발효하여 증류한 것을 말하지만, 좀 더 넓은 의미로 과실을 원료로 하는 증류주 전체를 브랜디라 부르기도 한다. 그러나 단순히 증류주에 과일 향이나 맛을 첨가하는 것은 엄밀하게 브랜디라고 볼 수 없다.

와인에서 시작되어 체계가 잡힌 프랑스의 원산지명칭표시제도, 즉 A.O.C.
(Appellation d'Origine Contrôlées)[3]는 브랜디에도 적용되고 있다. 브랜디의
경우 원산지를 기본으로 지역별로 세분화되어 분류한다. 따라서 각 생산지
의 명칭이 곧 각 브랜디의 종류이며, 이를 통해 제품의 등급과 품질을 곧바
로 확인할 수 있다.

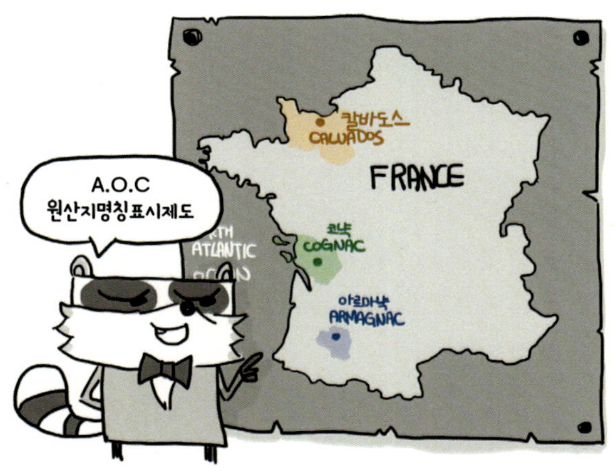


3. 포도의 원산지와 품종, 제조 방법 등 와인 생산에 관련한 전반적인 사항을 규제하고 세분화하여
   라벨에 표기하도록 하는 제도이다. A.O.C.는 1935년 와인에 처음 시행된 이래 현재는 프랑스 농
   식품 전반에 표준적으로 적용되고 있다.

브랜디 중 가장 유명한 것이 바로 코냑이다. 우리가 잘 알고 있는 대부분의 브랜디는 코냑이 아닐까 생각된다. 코냑의 주된 생산지는 프랑스 서남부의 그랑 샹파뉴Grande Champagne, 프티트 샹파뉴Petite Champagne, 보르데리Borderies, 팽 부와Fins Bois, 봉 부와Bons Bois, 부와 오르디네르Bois Ordinaries이며, 이들 지역에서 생산되는 포도의 품종은 위니 블랑Ugni Blanc, 폴 블랑슈Folle Banche, 콜롬바드Colombard이다. 당연한 이야기겠지만 이곳에서 생산되는 포도의 상태, 브랜디 원료로서의 적합성, 품질을 지키기 위한 노력 등이 코냑의 명성으로 이어진다.

코냑의 숙성 기간을 별점으로 표시하는데, 이는 코냑의 명가 헤네시Hennessy 가문의 모리스 리처드 헤네시Maurice Richard Hennesy가 1865년 처음 도입했다. 이후 코냑 사무국Bureau National Interprofessionnel du Cognac에서 코냑의 등급 표시 방식을 통일시켰다.

## 코냑 등급 표시

V.S.(Very Special): 최소 2년 이상 숙성한 코냑으로 ★★★로 표시하기도 한다.

V.S.O.P.(Very Superior/Special Old Pale): 최소 4년 이상 숙성한 코냑에 붙는다.

NPOLÉON: 최소 6년 이상 숙성한 코냑에 붙는다.

XO (Extra Old) or Extra or Hors d'âge: 본래는 NAPOLÉON과 동일하게 최소 6년 이상 숙성한 코냑을 뜻하지만, 보통 10년 이상 숙성된 코냑에 붙는다.

각 연도는 어디까지나 최소 연도이며, 보통은 그보다 더 오랜 숙성 기간을 거친다.

코냑보다 조금 생소할 수 있지만, 아르마냑의 역사는 코냑보다 훨씬 더 길다. 1310년 프란체스코 수도회 수도사가 쓴 〈아르마냑의 40가지 장점〉 이라는 글이 있다고 하니, 적어도 그 이전부터 마셔왔을 것이다. 아르마냑 은 바사르마냑Bas-Armagnac, 아르마냑 테라네즈Armagnac Tenareze, 오타르마냑 Haut-Armagnac에서 생산되며, 세 가지 중에서 바사르마냑 제품이 선호도가 가장 높다. 아르마냑은 가족 경영 중심의 소규모 제조를 특징으로 하는데, 이는 지금까지 이어져 내려오며 그 생산 방식 역시 오랜 전통을 그대로 따르고 있다. 어찌 보면 자동화, 대량화, 거대 자본화로 변해가는 세계 산 업 전반의 흐름에 거스른다고 볼 수 있지만, 그들이 그들만의 방식을 지 켜오는 것은 그만한 가치가 있기 때문일 것이다. 그 안에는 브랜디의 맛, 향, 개성은 물론이요, 이야기와 세월이 있을 테니까.

## 칼바도스Calvados

제2차 세계대전사에서 가장 성공한 상륙작전으로 알려진 노르망디 칼바 도스의 지방 특산주이다. 다른 브랜디와 달리 칼바도스는 사과주Cider를 증류해 만든다. 노르망디 지역은 이전부터 품질 좋은 사과로 유명했고, 이 를 이용해 만든 사과주 역시 유명하다. 가장 잘 알려진 곳은 페이 도주Pays D'auge 지역이며, 이곳에서 생산된 브랜디는 최상급으로 라벨에 페이 도주 가 함께 표기된다.

브랜디의 유명 브랜드로 세계 5대 코냑이라 불리는 레미 마르탱Rémy martin, 헤네시, 카뮈Camus, 마르텔Martell, 쿠르부아지에Courvoisier 등이 있다.

## 5) 럼

보물과 모험을 찾아 떠난 해적들이 금은보화 위에 앉아 벌컥벌컥 들이켜는 술, 뱃사람의 술, 바로 럼[4]이다. 아무리 해적이라도 그렇게 들이켰다간 골로 가기에 십상이지만 말이다.

럼의 고향이자 해적들의 바다인 카리브해 서인도 제도는 콜럼버스가 발견한 1492년 이후 유럽 강대국들의 치열한 밥그릇 싸움터였다. 내 나라 해군은 다른 나라엔 해적이었으니 해군과 해적의 구분이 없던 시기였고, 사탕수수나 담배, 카카오 등을 재배하기 위해 아프리카에서 잡혀 온 흑인과 원주민들의 땀과 피가 끊임없이 흐르고 굳어 만들어지는 곳이었다. 고된 삶을 살았던 노예들은 설탕을 만들고 남은 당밀 찌꺼기를 발효해 만든 술로 삶을 위로했으니, 여기에 유럽의 증류 기술이 더해져 럼이 탄생한다.

술이 꼭 필요했던 뱃사람들에게 맥주는 너무 쉽게 변질됐고, 브랜디나 위스키는 사치였으므로, 오래 가고 저렴한 럼이 안성맞춤이었다. 항해 중에는 술이 요긴하게 쓰일 때가 종종 있는데, 예를 들어 추위를 예방하거나 열을 내릴 때, 상태가 좋은 않은 식수를 중화할 때도 술이 쓰였다. 물론 술을 마시며 힘든 선상 생활을 잠시나마 벗어나는 것은 말할 것도 없고. 그렇게 럼은 노예들에게 주었던 위로를 뱃사람들에게도 베풀었다. 그런 이유로 영국 해군은 17세기부터 약 300년 동안 보급품으로 럼을 지급했고 1970년 7월 31일, 마지막으로 럼을 보급한 날을 블랙 톳 데이Black Tot Day[5]라 하며 지금까지 기념한다.

---

4. 럼이란 단어의 기원은 확실치 않다. '좋다', '강한 것', '흥분', '마시다' 등 여러 나라에서 럼과 비슷한 언어를 들어 그 의미를 추정하고 있을 뿐이다.
5. 여기서 '톳(Tot)'은 '샷(Shot)'과 같은 의미로 한 모금 분량의 술을 의미한다.

영국 해군과 럼은 인연은 호레이쇼 넬슨Horatio Nelson 제독의 이야기로 이어진다. 그는 여러 전투에서 한쪽 눈과 팔을 잃으면서도 용맹하게 싸웠고, 한때 사랑을 위해 모든 것을 포기했던 사내이기도 했다. 트라팔가 해전에서 전사한 뒤 사체의 부패 방지를 위해 럼 통에 담겨 돌아오는데, 그 때문에 럼은 '넬슨의 피Nelson's Blood'란 별명을 갖게 되었다. 이렇듯 위대한 영웅까지 럼의 도움을 받았으니, 뱃사람들은 럼에 정말로 많은 빚을 지고 있는 셈이다.

럼의 주원료인 사탕수수는 그 자체로 당분을 포함하고 있다. 따라서 럼은 단맛을 첨가하는 당화 과정 없이 바로 발효와 증류 과정을 거친다. 증류 후 숙성 기간에 따라 럼의 색이 달라지는데, 통상 이 색깔을 통해 럼을 구별한다.

### 화이트 럼White Rum

증류한 후 바로 병에 넣기 때문에 투명한 색을 가지고 있으며 라이트 럼Light Rum이라고도 불린다. 투명한 색의 술들이 대부분 그렇듯 칵테일을 제조하거나 다른 음료와 혼용하기에 적합하다.

### 골드 럼Gold Rum

오크통에서 일정 기간 숙성되어 황금색을 띠며 미디엄 럼Medium Rum이라고도 한다. 다만 숙성 과정을 거치지 않고 캐러멜 색소 등을 첨가해 만들어지는 경우도 있기 때문에 제조 방법과 재료를 잘 살펴볼 필요가 있다.

### 블랙 럼Black Rum

오크통에서 장기간 숙성되어 색이 짙고, 다크 럼Dark Rum 또는 헤비 럼Heavy Rum이라고도 불린다. 숙성 기간이 길다는 것은 그만큼 제품의 손실이 많

아 단가가 올라간다는 것을 의미하는데, 블랙 럼 역시 상급의 제품으로
향미가 강하다.

럼의 유명 브랜드로는 캡틴 모건Captain Morgan, 바카디Bacardi, 마이어스Myers's,
하바나 클럽Havana Club 등이 있다.

## 6) 테킬라

열정의 술 테킬라. 사실 테킬라는 도시 이름인데, 아마도 세계에서 가장 널리 알려진 이름 중 하나일 것이다. 물론 많은 사람들이 그게 도시 이름이란 걸 잘 모르지만.

아가베Agave, 용설란[6]를 주원료로 하는데 잎이 아닌 몸통을 사용하며, 이때 잎을 제거한 몸통이 솔방울처럼 생겼다 하여 피나Pina라고 부른다(파인애플도 피나라고 한다. 피나 콜라다Pina Colada의 그 피나!). 유럽 사람들이 멕시코로 몰려들기 한참 전부터, 이 지역의 아즈텍 족은 아가베 수액을 발효시켜 풀케Pulque란 술을 만들어 마시곤 했다. 이후 유럽의 증류법이 들어오면서 풀케는 메즈칼Mezcal로 발전했다.

6. 아가베를 키우고 발효시키는 과정은 오랫동안 전문적인 관리가 필요한 어려운 작업이다. 이 일에 종사하는 사람들을 히마도르(Jimadore)라고 하는데, 이들은 자신의 직업에 대단한 자부심을 갖고 있다.

특히 테킬라 지역을 비롯해 과나후아토Guanajuato, 나야리트Nayarit, 타마올리파스Tamaulipas, 미초아칸Michoacán, 할리스코Jalisco 주는 지형 조건상 최상의 아가베, 즉 블루 아가베Blue Agave가 생산되었고, 이것을 가지고 만들어진 메즈칼 역시 최상의 품질을 가지게 되었다.

테킬라란 이 지역의 블루 아가베로 만들어진 메즈칼을 말하는데, 보다 정확히 말하면 재료의 51% 이상을 블루 아가베로 사용할 경우 테킬라란 이름을 붙일 수 있다. 우리가 흔히 접하는 제품들 역시 51% 이상의 블루 아가베에 다른 재료들을 첨가하여 만든다. 테킬라의 역사와 함께 걸어온 호세 쿠엘보Jose Cuervo, 멕시코 내에서 가장 많이 팔리는 사우자Sauza도 마찬가지이다. 그뿐만 아니라 100% 블루 아가베로 만들어지는 프리미엄 테킬라도 많은 사랑을 받고 있다.

남미의 많은 나라들이 그렇듯 멕시코도 평탄한 세월을 걸어오지 못했고, 지금도 힘든 시간을 보내고 있다. 잊힌 고대 문명에서부터 스페인의 지배와 독립 그리고 국경을 맞대고 있는 미국과의 관계까지. 복잡한 사정 속에서 술은 그들의 힘든 삶을 위로해주곤 했다. 그것이 멕시코에서 메즈칼, 곧 테킬라의 역할이었다.

이제 그들이 지켜온 테킬라는 취하기 위해 마시는 싸구려 술이란 인식에서 벗어나 소금, 커피, 라임과 함께 즐기는 멋진 술로, 칵테일 마르가리타Margarita의 베이스로, 그 자체만으로도 전혀 모자람이 없는 세계적인 술로 변모했다. 테킬라가 더욱더 따뜻하고 상쾌한 바람을 타고 훨훨 날아오르기를 바란다. 테킬라라는 술도, 테킬라라는 도시도……

테킬라는 보통 색상과 숙성도에 따라 블랑코Blanco, 레포사도Reposado, 아녜호
Añejo 세 종류로 구별한다.

### 테킬라 블랑코Tequila blanco

테킬라 실버Tequila Silver라고도 하는데, 증류 후 숙성 기간을 거치지 않고 바
로 병에 넣은 테킬라를 말한다. 여기서 블랑코는 스페인어로 '하얀'이란
뜻이다. 무색투명한 가장 기본적인 테킬라라 생각하면 된다. 용도에 따라
캐러멜 색소 등을 첨가하여 인공적으로 황금색을 내는 경우도 있는데, 이
것을 테킬라 골드Tequila Gold로 구별하여 부르기도 한다. 호세 쿠엘보와 사
우자의 기본 제품이 제일 유명하다.

### 테킬라 레포사도Tequila Reposado

통에 담겨 숙성 기간을 거친 테킬라는 사용한 통에 따라서 색과 향이 더
해진다. 테킬라 숙성에는 주로 버번통과 오크통을 사용한다. 스페인어로
'고요한'이라는 뜻을 가진 레포사도는 최소 2개월에서 1년 이하의 숙성
기간을 거치며 옅은 황금빛을 띤다.

### 테킬라 아녜호Tequila Añejo

스페인어로 '숙성된'이란 의미를 갖는 아녜호는 최소 1년에서 최대 3년까
지의 숙성 기간을 거친다. 이 과정에서 테킬라는 더욱 짙은 색과 맛, 향을
지니게 된다.

테킬라의 유명 브랜드로는 패트론Patron, 사우자, 호세 쿠엘보, 엘 히마도르티 Jimador 등이 있다.

# 3. 혼성주(리큐어)

혼성주의 일종인 리큐어는 '불에 녹인다'는 뜻으로 발효주나 증류주에 과실, 씨앗, 뿌리, 약초, 향초 등을 혼합하여 만들어진 술이다. 리큐어의 기원은 과실주에 약초를 타서 마시던 것이었으나, 지금은 대개 증류주에 당분을 넣고 과실, 약초 등의 원재료를 첨가하여 만든다.

나라마다 혼성주를 규정하는 주류법상의 정의가 조금씩 다른데 프랑스에서는 15% 이상의 알코올과 20% 이상의 당분을 가지고 있어야 하며, 미국에서는 증류주를 사용하고 2.5% 이상의 당분을 가지고 있어야 한다. 일반적으로 알코올과 당분을 필수 요소로 포함한다.

리큐어는 여러 재료를 혼합하는 만큼 다양한 색과 향, 맛을 갖는다. 다양한 재료만큼이나 수많은 종류가 있으며, 그 종류 아래 수많은 제품들이 있다. 그들 각자가 개성을 갖고 있기 때문에 리큐어의 종류를 구별하는 것은 의미가 없다. 다만 다음과 같은 종류들이 있다는 것만 알아두면 될 듯하다.

이름은 브랜디지만, 플레버드 브랜디는 증류주가 아닌 혼성주이다. 이미 만들어진 증류주에 과일 향과 맛을 첨가하는 방식으로 만들어지기 때문이다. 플레버드 브랜디의 종류는 굉장히 다양하며 체리, 복숭아, 살구, 사과 등 웬만한 과일은 모두 사용된다. 실제 열매의 이름이 들어가는 브랜디 대부분은 플레버드 브랜디로서 리큐어라고 보면 된다.

이름 앞에 크렘 드 Crème de 라는 단어가 붙어있는 리큐어들은 원재료와 당분의 함유량이 일정량 이상인 것들로서 많은 양의 당분이 첨가되어 있다. 크렘은 프랑스어로 '가장 좋은 것'을 뜻한다. 또한 유제품인 크림을 뜻하기도 하는데, 실제 크림을 첨가한 리큐어는 아니니 주의할 것. 볼스 Bols 사와 드 카이퍼 De kuyper 사 등 여러 회사에서 생산하며, 대개는 제조사가 아닌 재료로 구별된다. 카카오, 민트, 바나나, 카시스 Cassis[7] 등 많은 종류가 있다.

7. 카시스는 블루베리와 비슷한 종류의 열매로 블랙커런트(Blackcurrant)라고 불리기도 한다. 동일한 이름의 칵테일도 있다.

오렌지와 오렌지 껍질을 첨가한 리큐어인 퀴라소는 원래 카리브해의 섬을 말하는데, 그렇게 불린 것은 이곳의 오렌지로 리큐어를 만들었었기 때문이다. 세 번 증류했다는 의미를 가진 트리플 섹Triple Sec, 투명한 퀴라소에 청색 색소를 넣은 블루 퀴라소Blue Curaçao 등 제조사별로 많은 제품들이 있다. 그랑 마니에르Grand Marnier, 쿠앵트로Cointreau 등이 대표적이다.

약초, 향초 등의 재료로 만들어지는 리큐어로 비터스 리큐어Bitters Liqueur라 부르기도 한다. 대표적인 허브 리큐어 제품으로는 베네딕틴Benedictine, 예거마이스터Jägermeister, 드람부이Drambuie, 캄파리Campari 등이 있다.

## 샤르트뢰즈Chartreuse

카르투시오Cartusiensis 수도회의 수도사들이 만든 리큐어로 녹색의 리큐어 중 가장 유명한 제품이다. 별명이 무려 '리큐어의 여왕'인데, 얼마나 유명한지 그 이름을 연노랑 또는 연초록 색깔의 고유명사로 사용할 정도이다.

리큐어 여왕의 역사는 1605년 프랑스의 왕 앙리 4세의 총애를 받던 외교관 이자 사령관 프란시스 안니발 데 에스트레Francois Annibal d'Estrées가 카르투시 오 수도회의 수도승에게 '생명의 명약Elixir of Long Life'의 제조법을 전해주면서

시작되었다고 한다. 라벨에는 이와 관련된 1605라는 숫자가 적혀 있다. 수도
회에서 암암리에 전해지던 이 명약은 1764년 우리가 알고 있는 샤르트뢰즈
그린의 모습을 가지고 세상 밖으로 알려진다. 이후 프랑스 혁명 기간 수도회
가 국외 추방을 당했음에도 어렵사리 그 명맥을 이어갔고, 1838년에는 낮은
도수와 단맛이 강화된 샤르트뢰즈 엘로우를 만들어낼 만큼 다시 제자리를
찾았다.

하지만 더 단단해지라는 신의 뜻이었을까? 1901년 발효된 수도회 연합법에
따라 수도회는 다시 프랑스를 떠나게 되고, 샤르트뢰즈의 유산은 국유화되
어 다른 회사에 매각된다. 하지만 프랑스 내에서 수도사들 없이 만든 샤르트
뢰즈와 프랑스 밖에서 수도사들이 만든 샤르트뢰즈, 그 어느 쪽도 좋은 결과
를 내지 못했다. 수도회 연합법이 실효성을 잃게 된 1928년쯤 샤르트뢰즈를
생산하던 회사가 파산하자 지역 유지들은 파산한 회사를 인수했다. 그때부
터 수도사들이 돌아와 제품을 생산하기 시작했지만, 제2차 세계대전이 끝난
뒤에야 샤르트뢰즈는 카르투시오 수도회로 온전히 돌아갈 수 있었다.

# 압생트 Absinthe

한때 프랑스를 비롯하여 유럽 여러 나라에서 '녹색의 요정La fee Verte'이라 불리며 많은 이들의 삶을 지배한 술이 있었다. 많은 이들을 환각과 중독으로 이끌었다는 죄목 아래 금지된 술, 예술가들이 사랑했던 에메랄드그린 빛깔의 매혹적인 술. 바로 압생트이다.

약쑥을 주재료로 하는 이 술의 기원은 정확하지 않다. 고대 이집트부터 이어져 왔다는 이야기로 시작해서 약쑥을 과실주에 적셔 치료약으로 사용했다는 에베르스 파피루스Ebers Papyrus의 기록, 프랑스 혁명 당시 스위스 꾸베Couvet

지역으로 피신했던 의사 피에르 오디네르Pierre Ordinaire가 향쑥을 주재료로 해서 만병통치약으로 불린 녹색의 약술을 만들었고, 그가 죽으면서 남긴 레시피가 앙리 루이스 페르노Henri Louis Pernod에게 전해져 프랑스에서 만들게 되었다는 이야기까지 다양한 이야기가 전해지고 있다.

높은 도수의 압생트는 싼값에 실컷 취하고 싶은 노동자들과 예술인들에게 큰 인기를 얻었다. 19세기 말에서 20세기 초까지 수많은 예술인에게 압생트는 단순한 술 이상의 의미를 지녔고, 실제로 많은 작품 속에서 압생트를 발견할 수 있다. 더구나 압생트를 마시는 독특한 방법은 그 인기에 날개를 달아주었는데, 보통 세 가지 방법으로 마신다. 첫째, 잔에 따라 그대로 마신다. 둘째, 압생트를 따른 잔 위에 압생트 스푼(구멍 뚫린 스푼)을 얹고, 그 위에 각설탕을 올린 후, 압생트 파운틴Absinthe Fountain이란 주전자에서 얼음물을 한 방울씩 천천히 떨어트려 각설탕을 녹여 마신다. 셋째, 압생트를 따른 잔 위에 압생트 스푼을 얹고, 그 위에 각설탕을 올린 뒤 압생트를 뿌려준 다음 불을 붙여 설탕을 녹인 후 마신다.

압생트는 환각과 지나친 중독이 문제가 되면서 프랑스를 비롯한 대부분의 나라에서 판매가 금지되었다. 그러나 세월이 지난 후 환각과 중독 증상은 압생트의 특정 성분에 기인한 것이 아니라 높은 도수 때문이라는 변호의 목소리가 들리기 시작했다. 이를 계기로 한동안 모습을 감췄던 매혹적인 녹색 요정이 다시 돌아왔다. 1900년대 후반부터 대부분의 나라에서 압생트가 다시 판매되기 시작했으며, 얼마 전부터는 우리나라에도 수입되고 있다.

예전부터 강장제와 위장약으로 많이 사용되었던 비터스는 여러 약초가 들어가며, 그 이름처럼 쓴맛이 특징이다. 왠지 쓴 것이 몸에 좋을 거라는 생각은 어디서나 같나 보다. 19세기 몸에 좋은 약으로 인기를 끌었으나 미국에서 식품 및 약품 위생법이 시행되자 그 효과를 입증하지 못해 주춤하게 되었고, 현재는 주로 칵테일에 사용된다. 올드 패션드 같은 클래식한 칵테일에서 몇 방울의 비터스는 없어선 안 될 중요한 재료다. 앙고스투라 비터스Angostura Bitters와 칵테일의 어원을 이야기할 때 항상 등장하는 페이쇼스 비터스가 유명하다. 최근 들어 점점 수요량이 많아지고 있는데 유행은 돌고 도는 것이니 다시 비터스가 큰 사랑을 받을 때가 되었나 보다.

그 외 유명한 리큐어 제품으로는 미도리Midori, 말리부Malibu, 베일리스Baileys, 칼루아Kahlua, 마르티니Martini 등이 있다.

# 4. 전통주

우리나라 전통주는 오랫동안 다양하고 독특한 방식으로 발전했다. 그러나 일제강점기 주세령[8]으로 인해 지방과 집안에서 소규모로 생산되던 술인 가양주家釀酒가 모두 금지되고 밀주란 주홍글씨가 새겨진 결과 탁주濁酒와 소주燒酒, 흔히 약주라 부르는 청주淸酒로 획일화되고 말았다. 더구나 1965년 양곡 관리법[9]으로 인해 더욱 강화된 밀주 단속으로 전통주의 침체는 더욱 깊어지게 된다. 1995년 관련 정책은 사라졌지만, 이미 대다수 전통주는 소실된 후였다. 이렇듯 힘든 길을 걸어왔고 또 앞으로도 순탄한 길을 걷기엔 쉽지 않아 보이는 전통주이지만, 최근 들어 조금씩이나마 희망이 싹트고 있다.

8. 1916년 조선총독부가 시행한 법령으로 주정 함유량과 제조 방법에 따라 주류를 분류하고 세율을 달리 매김과 동시에 조세 징수를 하기 어려운 가양주는 전면 금지한 법령이다.
9. 술을 빚는 데 있어 쌀을 사용하지 못하게 만든 법률이다. 이로 인해 일반적으로 쌀을 재료로 하는 증류식 소주를 만들 수 없게 되었고, 주로 옥수수나 고구마를 사용하는 희석식 소주가 자리 잡게 되었다.

우리의 전통주 역시 양조주(발효주)와 증류주, 혼성주로 분류된다. 이때 양조주는 오직 쌀과 누룩, 물로만 만들어지는 순곡주와 여러 재료를 첨가하여 빚는 혼양곡주로 나뉘며, 순곡주는 여과 방식에 따라 탁주와 청주로 다시 나뉜다. 조주기능사 시험에도 전통주로 만든 칵테일이 나오는데 선운산 복분자주, 금산 인삼주, 진도 홍주, 안동 소주, 감홍로 등을 사용한다.

# 칵테일의 조력자들

칵테일에서 제일 중요한 주재료인 술에 대해 어느 정도 살펴봤으니, 이제 만드는 방법과 함께 부재료들과 칵테일 용품들에 대해 알아보자. 이들은 한 잔의 칵테일이 만들어지는 과정에서 묵묵히 많은 도움을 주는, 없어서는 안 되는 친구들이다.

# 1. 칵테일 기법

칵테일이라 해서 무조건 되는대로 섞어 만들지 않는다. 재료와 목적에 따라 만드는 방법이 다르고, 오랜 시간을 거쳐 레시피가 체계적으로 정리되었다. 여기서는 칵테일을 만드는 방법 중 가장 많이 사용하고 기본이 되는 기법들을 알아보자.

## 빌딩 Building

칵테일 제조 시 가장 기본이 되는 기법으로 글라스에 재료들을 순서대로 넣어 섞어주면 된다. 지거를 이용하거나 직접 잔에 따르며 향과 내용물의 손상이 적다.

# 세이킹 Shaking

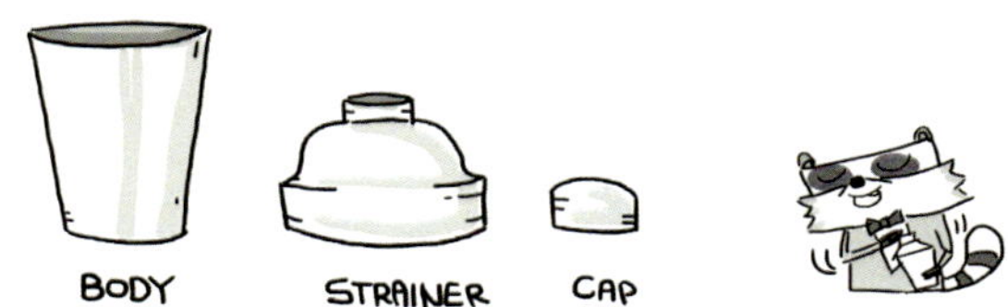



우리가 칵테일 하면 떠올리는 그 동작이다. 셰킷! 셰킷!! 셰이커Shaker에 얼음과 재료들을 넣고 위아래로 리듬을 타며 내용물들을 잘 섞어주는 기법이다. 바디Bady에 얼음과 재료를 넣고 스트레이너Strainer를 덮은 다음 캡Cap을 닫는다. 셰이킹 후 캡만 열어주면, 스트레이너에서 내용물들이 걸러져 액체만 따를 수 있다.

# 스터링 Stirring

믹싱 글라스에 재료를 넣고 바 스푼Bar Spoon으로 가볍게 저어서 내용물을 섞어준다. 내용물을 걸러줘야 할 필요가 있을 때에는 스트레이너로 한 번 걸러내어 준비된 글라스에 따라준다.

## 플로팅 Floating

내용물을 쌓거나 띄우는 기법으로 레이어링 Layering이라고도 한다. 내용물들의 비중 차이를 이용해서 층을 만들며, 부드럽게 내용물을 따라줘야 하기 때문에 스푼의 둥근 면을 이용한다.

## 리밍 Rimming

글라스의 가장자리인 림 Rim 부분에 레몬이나 오렌지 즙을 발라 설탕이나 소금을 묻히는 방법을 말한다.

## 머들링 Muddling

머들러Muddler로 재료를 으깨는 기법이다. 칵테일 잔 안에 있는 작은 머들러로 가니시Garnish를 으깨는 것을 말하지만, 주로 모히토Mojito에서처럼 민트잎이나 라임, 오렌지 같은 재료를 으깨는 것을 말한다.

## 블렌딩 Blending

블렌더Blender에 재료들을 넣고 갈아서 섞는 기법이다.

# 2. 계량 단위

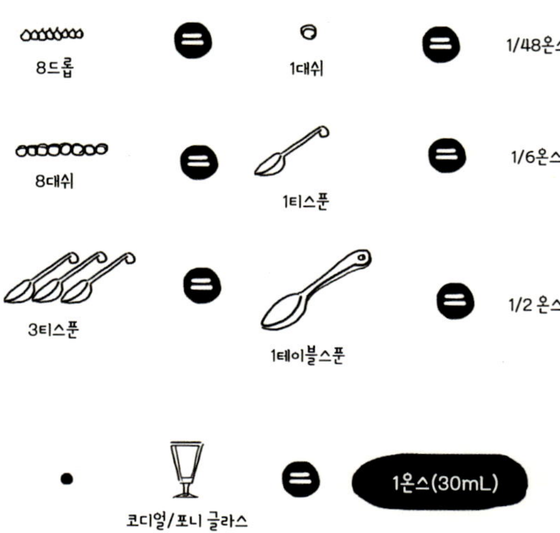



칵테일은 기본적으로 1온스Ounce를 기준으로 계량한다. 1온스는 미국 기준으로 28,349.5mg, 29.57353mL이며, 보통 30mL로 생각하면 된다. 1온스를 계량할 때에는 코디얼 글라스Cordial Glass를 사용하며, 그보다 작은 계량은 테이블스푼Tablespoon과 티스푼Teaspoon을 사용한다. 테이블스푼 이하 티스푼, 대쉬Dash[10], 드롭Drop은 대상에 따라서 계량 기준이 조금씩 달라지는데, 칵테일에 사용할 때에는 보통 8대쉬를 1티스푼 정도로 취급한다. 1대쉬는 보통

[10] 병을 흔들어 뿌려지는 양을 말한다.

5~10드롭으로 계량하기도 한다. 이러한 차이들 때문에 스푼 이하를 계량할 경우에는 레시피에서 정해진 기준으로 계량하는 것이 가장 정확하다고 할 수 있다.

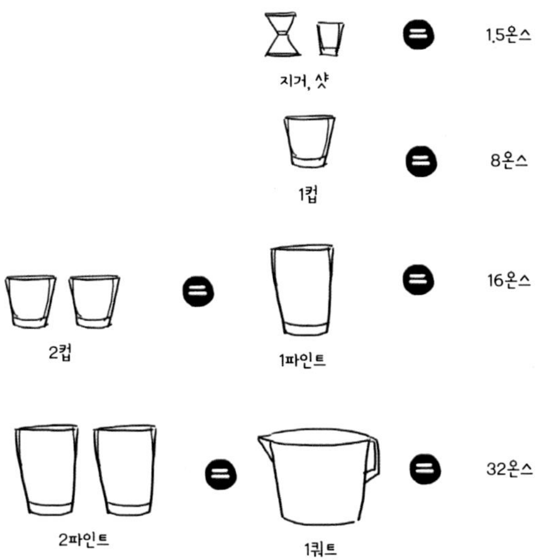

# 3. 칵테일 용품

## 지거 Jigger

재료의 용량을 재는 도구로 메저 컵Measure cup이라고도 한다. 용기가 위아래로 붙어 있는 모양으로 한쪽이 1온스, 다른 한쪽은 1.5온스로 되어 있는 지거를 많이 사용한다.

## 셰이커 Shaker

재료를 흔들어 확실하게 섞어주는 도구로 얼음을 넣고 내용물을 차갑게 만들 때 사용하기도 한다. 바디, 스트레이너, 캡으로 구성되어 있다.

## 믹싱 글라스 Mixing Class

주재료와 부재료를 넣고 혼합하는 기본 잔이다.

## 보스턴 셰이커 Boston Shaker

큰 재료와 많은 용량을 세이킹하기 위한 도구이다.

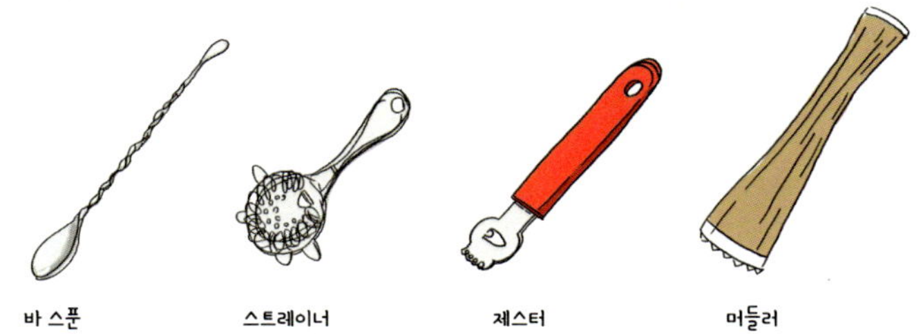



## 바 스푼 Bar Spoon

일반적인 스푼보다 길고 중간 부분이 꼬여 있어 스푼을 돌리기 편하게 되어 있다. 주로 재료를 가볍게 섞는 데 사용하며, 적은 용량을 잴 때 사용하기도 한다.

## 스트레이너 Strainer

혼합된 내용물 중 얼음 등 큰 재료를 걸러내고 액체만 따르기 위해 사용하는 도구이다.

## 제스터 Zester

오렌지나 레몬 껍질 등을 까거나 얇은 줄로 벗겨내어 장식으로 쓸 때 사용하는 도구이다.

## 머들러 Muddler

과일이나 허브잎 등 부재료를 두드려 으깨는 데 사용한다.

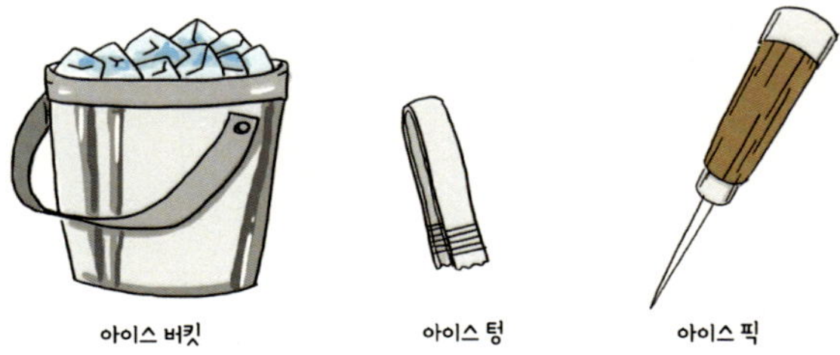

아이스 버킷      아이스 텅      아이스 픽

## 아이스 버킷과 아이스 텅 Ice Bucket and Ice Tongs

얼음통과 얼음을 집는 데 사용하는 집게이다.

## 아이스 픽 Ice Pick

큰 얼음을 쪼개는 송곳으로 얼음을 찍어내면서 원하는 크기나 모양을 만드
는 데 사용한다.

스퀴저

## 스퀴저 Squeezer

과일의 즙을 짤 때 사용하는 도구이다.

블렌더

## 블렌더 Blender

흔히 믹서기라고 부르는 기기로 재료를 사정없이 혼합할 때 사용한다.

# 4. 칵테일 글라스

| 글라스 종류 | 용량 | 설명 |
| --- | --- | --- |
| 샷 글라스<br>Shot Glass | 1.5~2온스 | 샷 잔 혹은 위스키 글라스Whisky Glass라고 부른다. 주로 스트레이트Straight, 얼음이나 다른 음료를 섞지 않고 술을 그대로 마시는 경우에 사용한다. |
| 코디얼 글라스<br>Cordial Glass | 1온스 | 리큐어 글라스Liquer Glass라고도 부르는데, 이름처럼 리큐어를 마실 때 주로 사용한다. 쉽게 손잡이가 있는 샷 글라스라고 생각하면 된다. |
| 푸스 카페 글라스<br>Pousse Cafe Glass | 1.5온스 | 샷 글라스나 코디얼 글라스과 비슷하거나 조금 더 큰 잔이다. 보통 플로팅 방식의 칵테일을 만들 때 사용한다. |

| | | |
|---|---|---|
| 올드 패션드 글라스<br>Old Fashioned Glass | 6~8온스 | 락 글라스Rock Glass라고도 불린다. 얼음을 넣어 마시는 온더록스On the Rocks로 즐길 때 주로 사용하는 잔이다. 또한 올드 패션드 계열의 칵테일에도 사용된다. |
| 칵테일글라스<br>Cocktail Glass | 6~8온스 | 마티니 글라스Martini Glass라고도 부르며 칵테일 하면 가장 먼저 떠오르는 잔이다. 마티니 계열의 칵테일에 많이 쓰인다. |
| 마르가리타 글라스<br>Margarita Glass | 6~8온스 | 칵테일글라스를 마니티 글라스로만 부르고, 마르가리타 글라스를 칵테일글라스로 부르는 경우도 있다. 마르가리타, 다이키리Daiquiri 계열의 칵테일에 주로 사용된다. |
| 사워 글라스<br>Sour Glass | 3~6온스 | 플루트 샴페인 글라스를 살짝 잘라 놓은 듯한 모양의 잔으로 보통 탄산이 들어가는 사워 계열 칵테일에 사용한다. |

| | | |
|---|---|---|
| 레드 와인 글라스<br>Red Wine Glass | 8~12온스 | 일반적인 와인 글라스이다. |
| 화이트 와인 글라스<br>White Wine Glass | 8~12온스 | 레드 와인 글라스보다 다리가 짧고 굵으면서 컵 부분이 좀 더 길쭉한 것이 특징이다. |
| 셰리 글라스<br>Sherry Glass | 2~4온스 | 셰리 와인을 마실 때 사용한다. |
| 소서 샴페인 글라스<br>Saucer Champagne Glass | 4~10온스 | 샴페인을 마실 때 쓰는 잔으로 쿱 글라스Coupe Glass라고도 한다. 주로 행사나 파티에서 건배를 할 때 사용한다. |

| | | |
|---|---|---|
| 플루트 샴페인 글라스<br>Flute Champagne Glass | 3~6온스 | 샴페인 하면 떠오르는 글라스로 향과 탄산이 빠져나가지 않도록 좁고 길게 만들어진 것이 특징이다. |
| 브랜디 글라스<br>Brandy Glass | 6~8온스 | 브랜디를 마실 때 사용하며 스니프터 글라스Snifter Glass 또는 나폴레옹 글라스라고도 한다. |
| 아이리시 커피 글라스<br>Irish Coffee Glass | 8~10온스 | 따뜻한 커피나 차가 들어간 칵테일에 주로 사용하며, 두껍고 긴 손잡이가 특징이다. |
| 머그 글라스<br>Mug glass | 8~10온스 | 손잡이가 있는 큰 잔으로 주로 맥주나 커피가 들어가는 칵테일에 사용한다. |

| | | |
|---|---|---|
| 필스너 글라스<br>Pilsner Glass | 10온스 | 길고 바닥 쪽이 좁은 글라스로 필스너 맥주 전용 잔이다. |
| 하이볼 글라스<br>Highball Glass | 8~10온스 | 하이볼, 피즈Fizz 등 주로 탄산이 들어가는 칵테일에 사용하는 텀블러 글라스다. |
| 콜린스 글라스<br>Collins Glass | 12온스 | 하이볼 글라스와 비슷하나 조금 더 길고 좁은 편이라 톨 하이볼 글라스Tall Highball Glass로 부르기도 한다. 콜린스 계열 칵테일에 사용된다. |
| 허리케인 글라스<br>Hurricane Glass | 13~15온스 | 프로즌Frozen, 펀치, 트로피컬Tropical 계열의 믹스 칵테일Mix Cocktail에 주로 사용한다. |

칵테일 용품과 도구들이 없다고 난감해할 필요는 없다. 집에 있는 소주잔 하나, 텀블러 하나면 홈바Home Bar의 도구로는 충분하다. 소주잔은 지거 대용으로, 텀블러 역시 셰이커와 믹싱 글라스 대용으로 훌륭한 도구니까 말이다.

# 5. 칵테일 얼음

칵테일이 현재의 모습을 갖추게 된 데는 얼음의 역할이 컸다. 몇몇 칵테일을 제외하곤 거의 모든 칵테일에 얼음이 쓰이는 만큼 칵테일에서 얼음은 매우 중요한 부분을 차지하며, 그 종류 또한 다양하다.

블록 오브 아이스

럼프 오브 아이스

## 블록 오브 아이스 Block of Ice

큰 덩어리의 얼음으로 주로 파티 같은 곳에서 펀치류 음료를 차갑게 유지하기 위해 사용된다. 원하는 목적에 따라서 쪼개서 사용할 수 있다.

## 럼프 오브 아이스 Lump of Ice

흔히 온더록스에서 쓰이는 얼음으로 락 아이스Rock Ice라고도 한다. 큰 얼음을 깎아서 만들기 때문에 단단하고 크다. 락 글라스에 꽉 차는, 바텐더의 현란한 솜씨로 깎인 크고 둥근 얼음도 이 종류의 얼음이다. 둥근 모양 때문에 아이스 볼Ice Ball이라고 부른다.

크랙트 아이스

큐브드 아이스

### 크랙트 아이스 Cracked Ice

락 아이스보다 작고 주로 셰이킹을 할 때나 스터링을 할 때 사용한다.

### 큐브드 아이스 Cubed Ice

가장 익숙한 얼음으로, 흔히 각얼음이라고 부르며 칵테일 종류를 구분하지
않고 가장 많이 사용한다.

크러시드 아이스

셰이브드 아이스

### 크러시드 아이스 Crushed Ice

잘게 부서진 얼음으로 보통 제빙기에서 각 얼음과 함께 만들며, 각 얼음을
쪼개서 만들 수도 있다.

**세이브드 아이스** Shaved Ice

곱게 갈아진 얼음으로 주로 빙수에 쓰인다.

# 6. 가니시

칵테일 픽Pick에 끼운 올리브와 체리는 칵테일 하면 떠오르는 익숙한 이미지가 되었다. 이런 가니시들은 칵테일을 마시기 전에 이미 눈으로 칵테일을 즐길 수 있게 해준다. 그러나 가니시는 단순히 칵테일을 장식하는 역할만 하는 것이 아니다. 오렌지, 레몬, 파인애플, 사과 등을 조각내거나 슬라이스해서 안주로 즐길 수도 있고, 그 잎과 껍질은 장식으로 사용할 수도 있다. 시나몬과 정향Clove처럼 독특한 향을 더해주는 경우도 있으며 모히토처럼 아예 재료 속에 혼합되는 경우도 있다. 마티니의 올리브처럼 어느 정도 정형화된 경우도 있지만, 딱히 그것을 법칙이라고 할 수는 없다. 가니시는 반드시 이렇게 해야 한다고 정해진 규칙이 있는 것이 아니기 때문이다. 개성 있는 가니시로 자신만의 칵테일을 만드는 것도 칵테일이 갖는 묘미가 아닐까.

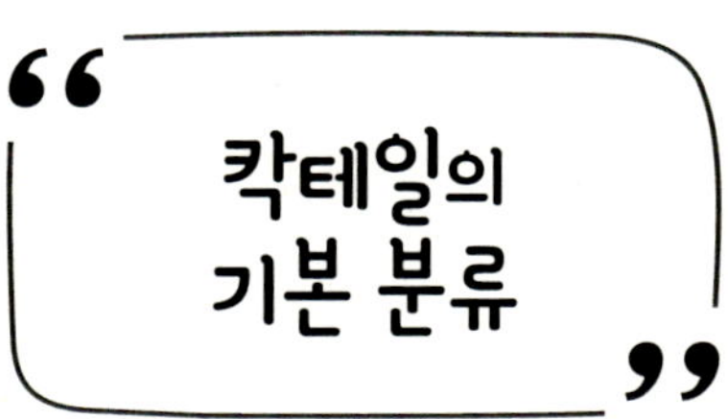


세상엔 수많은 칵테일이 있고, 그 수만큼 칵테일을 분류하는 방식도 다양하다. 우선 가장 많이 사용되는 기준인 용량, 마시는 시기, 스타일에 따른 구분 방법을 알아보자.

## • 용량에 따른 분류

### 숏 드링크 칵테일 Short Drink Cocktail

6온스 이하의 용량을 가진 칵테일로 알코올 함량이 롱 드링크 칵테일에 비해 높고 얼음이 없는 경우가 많다. 짧은 시간 안에 마시는 것이 좋으며 칵테일글라스나 리큐어 글라스 계열의 칵테일들이 여기에 포함된다.

### 롱 드링크 칵테일Long Drink Cocktail

6온스 이상의 용량을 가진 칵테일로 숏 드링크 칵테일보다 좀 더 오랫동안 마실 수 있다. 대부분 얼음이 들어가며 칵테일 도수가 숏 드링크 칵테일에 비해 낮다. 하이볼 글라스, 콜린스 글라스, 허리케인 글라스 계열의 칵테일들이 여기에 포함된다.

## • 마시는 시기에 따른 분류

### 식전 칵테일Aperitif Cocktail

식욕을 돋우고자 식전에 마시는 칵테일로 베르무트Vermouth나 캄파리 등의 리큐어가 사용되며 신맛과 쓴맛(떫은맛)이 난다. 드라이 마티니Dry Martini, 맨해튼Manhattan 등이 대표적이다.

### 식후 칵테일After Dinner Cocktail

디저트 칵테일로 디제스티프Digestif라고도 한다. 식후에 소화를 촉진하고 산뜻한 식사 마무리를 위해서 대부분 단맛의 베이스나 리큐어를 사용한다. 대표적으로 알렉산더Alexander, 아이리시 커피 등이 있다.

### 올 데이 칵테일All Day Cocktail

말 그대로 시간에 크게 구애받지 않으며 언제든지 마실 수 있는 칵테일을 말한다. 대부분의 칵테일이 여기 속한다. 특히 진토닉, 마르가리타, 뉴욕New York, 트로피컬 계열의 칵테일들이 대표적이다.

## • 스타일에 따른 분류

### 하이볼 Highball

하이볼 글라스에 나오는 칵테일로 주로 증류주와 음료가 혼합된 롱 드링크 칵테일이다. 진토닉, 쿠바 리브레Cuba Libre 등이 있다.

### 피즈Fizz

증류주에 소다수Soda Water, 주스, 설탕 등이 혼합된 칵테일로 '피즈'란 이름은 탄산이 빠져나오는 소리를 표현한 것이다. 진 피즈Gin Fizz, 슬로 진 피즈 Sloe Gin Fizz 등이 있다.

### 콜린스Collins

콜린스 글라스에 나오는 칵테일로 존 콜린스John Collins, 톰 콜린스Tom Collins 등이 있다.

### 사워Sour

신맛을 가진 칵테일로 보통 단맛이 혼합된다. 사워 글라스에 나오며 위스키 사워Whisky Sour, 브랜디 사워Brandy Sour 등이 있다.

### 푸스 카페Pousse cafe

푸스 카페 글라스에 나오는 칵테일로 비중 차이를 이용해 만드는 플로팅 기법의 칵테일들을 말한다. 푸스 카페, 비 앤 비B&B 등이 있다.

### 펀치 Punch

파티에서 애용되는 음료로 피처나 볼에 와인, 주스, 과일, 증류주, 탄산수 등을 넣어 마신다. 상그리아Sangria가 대표적이다.

### 온더록스 On the Rocks

온더록스 글라스, 올드 패션드 글라스를 사용하는 칵테일들을 말하며 올드 패션드, 러스티 네일Rusty Nail, 블랙 러시안Black Russian 등이 있다.

### 줄렙 Julep

위스키에 민트잎, 설탕 등이 들어가는 스타일의 칵테일로 민트 줄렙Mint Julep이 대표적이다.

### 토디 Toddy

뜨겁게 나오는 칵테일로 증류주에 설탕, 레몬 등이 들어간다. 핫 토디Hot Toddy가 대표적이다.

앞에서 살펴본 대략적인 분류는 수많은 칵테일을 정리하는 첫걸음이 되어 줄 것이다. 한편, 칵테일을 주재료인 베이스별로 구분을 하는 것은 레시피 구분의 가장 기본이라 할 수 있으며, 레시피를 기억하기 위한 가장 좋은 방법이기도 하다. 다음 장에서는 주재료별 칵테일 레시피와 함께 칵테일에 얽힌 이야기를 더 자세히 알아보자.

# 자, 칵테일을 소개하지

### 재료와 기법

하이볼 글라스    맥주 1/2잔    토마토주스 1/2잔    빌딩

**or**

하이볼 글라스    보드카 30mL    토마토주스 적당량    맥주 적당량    달걀    빌딩

## 레드 아이 (Red Eye)

### ✓ 만드는 법

하이볼 글라스에 맥주와 토마토주스를 반반씩 따른다.
또는 하이볼 글라스에 보드카 30mL를 넣고
토마토주스를 잔의 3분의 1 정도까지 채운다.
나머지를 맥주로 채운 뒤 날달걀 하나를 넣어준다.

### ··· 칵테일 토크

맥주와 토마토주스를 반반씩 섞어 마시거나 때로는 보드카에 토마토주스와 맥주를 넣은 뒤 날달걀 한 개를 깨뜨려 넣기도 한다. 누구나 쉽게 만들 수 있어 접근성이 뛰어난 칵테일 중 하나다. 눈치가 빠른 사람이라면 만드는 법을 보고 이 칵테일이 해장용 술이란 걸 알아챘을 것이다. 또한 왜 레드 아이라는 이름이 붙었는지도 짐작할 수 있으리라. 과음한 다음 날 숙취로 붉게 충혈된 눈으로 해장술을 찾을 때 블러디 메리도 좋지만, 무엇보다 맥주와 토마토주스를 반반씩 따른 심플한 레시피의 레드 아이가 제격이다.

해장술이라 하여 해장에만 좋은 것은 아니다. 뜻밖에 토마토주스와 맥주의 궁합은 좋은 편으로 토마토의 향과 맥주의 담백함이 어울려 부담 없이 넘어간다. 날달걀이 꺼려진다면 빼도 좋지만, 이것 역시 생각 외로 부드럽게 넘어가니 두려워하지 말고 한번 도전해보자.

플루트 샴페인 글라스

필스터 글라스

스타우트 비어
1/2잔

샴페인
1/2잔

✔ **만드는 법**

플루트 샴페인 글라스 혹은 필스너 글라스에
스타우트 비어와 샴페인을 동시에 따라준다.

··· **칵테일 토크**

우리 주변에서 흔히 접할 수 있고 가장 익숙한 칵테일은 다름 아닌 '소맥'일 것이다. 맥주를 베이스로 한 칵테일은 소맥처럼 직선적인 경우가 많다. 블랙 벨벳도 스타우트 비어와 샴페인이 절반씩 들어가는 심플한 레시피의 칵테일이다. 스타우트와 샴페인이 서로의 탄산 속에 자연스럽게 섞여 독특한 향을 풍기며, 한 모금에 샴페인의 청량감과 스타우트의 묵직한 쌉쌀함을 동시에 느낄 수 있다.

블랙 벨벳은 샴페인과 스타우트, 글라스까지 모두 차갑게 한 뒤 양손으로 재료를 동시에 따라주는 것이 일반적이지만, 먼저 들어가는 재료에 따라 글라스가 달라지기도 한다. 샴페인을 먼저 따를 때는 플루트 샴페인 글라스를, 스타우트를 먼저 따를 때는 필스너 글라스를 사용한다.

블랙 벨벳은 생각 외로 역사가 오래된 칵테일로 1861년 빅토리아 여왕의 남편인 앨버트 공Albert Prince Consort의 죽음을 애도하며 만들어졌다고 한다. 샴페인이나 스파클링 와인을 구하지 못해 사이다를 사용하는 경우도 있었는데, 이때는 '가난한 사람의 블랙 벨벳'이라 불렸다고. 가난한 자의 블랙 벨벳이면 어떠랴. 나름의 방식으로 애도를 표했다면 그만인 것을……

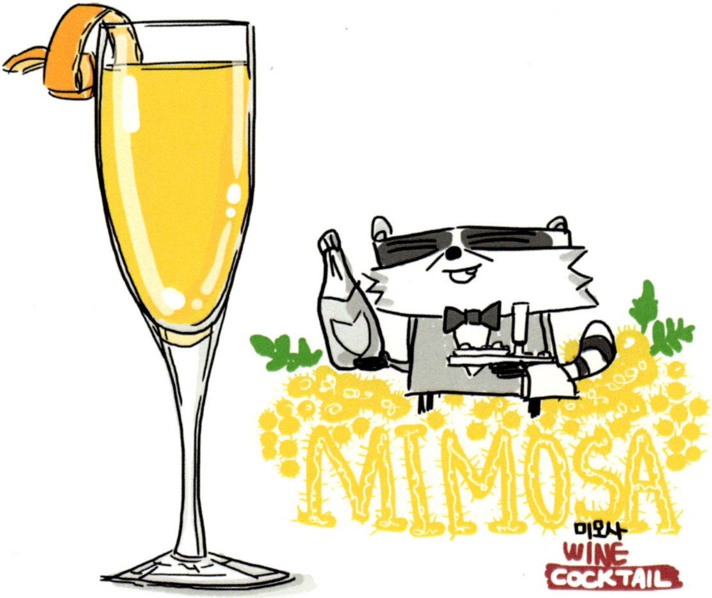

## 재료와 기법

플루트 샴페인 글라스

오렌지주스
60mL

샴페인
120mL

빌딩

오렌지 필

미모사 (Mimosa)

## ✔ 만드는 법

플루트 샴페인 글라스에 오렌지주스 60mL를 넣고
샴페인 120mL를 부어준다.
오렌지 필로 장식한다.

## ⋯ 칵테일 토크

오렌지주스에 샴페인을 넣어 만드는 칵테일 레시피는 이전부터 알려져 있었으나, 미모사란 이름으로 불리게 된 것은 1925년 파리 리츠 호텔의 한 바텐더에 의해서다. 칵테일 색깔이 미모사 꽃과 비슷하다고 해서 꽃 이름을 칵테일에 붙인 데서 연유한다. 1921년 런던 벅스 클럽의 바텐더가 만든 벅스 피즈Buck's Fizz라는 칵테일의 레시피와도 매우 유사해 여기에서 파생된 칵테일일 것이라는 이야기도 있다.

미모사는 브런치에 곁들이는 음료로도 유명하다. 오렌지주스와 샴페인이 어우러져 오묘하면서도 좋은 향을 내며, 취향에 맞게 만들기도 쉬워 홈바나 파티에서도 인기가 많다. 다른 리큐어, 특히 그랑 마니에르가 추가로 들어가기도 하지만 주재료는 오렌지주스와 샴페인이다.

재료를 넣을 때는 오렌지주스에 샴페인을 붓고 가볍게 저어주기만 한다. 단, 오렌지주스를 직접 갈아 만들 경우에는 샴페인의 거품으로 보기에 좋지 않을 수 있어, 샴페인을 먼저 따른 후 오렌지주스를 넣기도 한다.

글라스 피처

레몬, 라임, 사과

트리플 섹
60mL

브랜디
60mL

레드 와인
750mL

와인 글라스

얼음

소다수
적당량

## ✔ 만드는 법

피처에 레몬, 라임, 사과 한두 조각을 넣는다.

트리플 섹 60mL, 브랜디 60mL, 레드 와인 750mL를
넣고 휘젓는다.

차가운 곳에서 4시간 이상 숙성시킨다.

얼음을 넣은 와인 글라스에 내용물을 따른 후 소다수로 채워준다.

## ⋯ 칵테일 토크

상그리아는 스페인어로 피血를 의미하는데, 왜 이런 이름이 붙었는지
는 상그리아를 보면 바로 알 수 있다. 이 칵테일은 와인의 역사와 함
께하는데 로마 시대를 거치며 스페인과 포르투갈로, 대항해 시대를
지나며 신대륙으로 넘어와 남아메리카에서 북쪽으로, 다시 전 세계
로 퍼져 지금은 거의 모든 나라에서 상그리아를 즐기고 있다.

상그리아는 주로 파티나 연회 등에서 애용하는 펀치류 칵테일로, 대
용량으로 만든 뒤 각자의 잔에 따라 마신다. 필요에 따라 재료를 조
절할 수 있기 때문에 레시피가 굉장히 다양하지만 레몬, 라임, 오렌
지 등 여러 과일을 잘라 넣고 와인을 채워 넣는 것이 기본이다. 보통
레드 와인과 트리플 섹을 넣으며, 주정강화 와인이나 브랜디를 넣기
도 한다. 이때 굳이 비싼 와인을 사용할 필요는 없다. 비교적 질이 떨
어지는 와인이라도 레시피를 다르게 하면 훌륭한 음료로 재탄생된
다. 단, 주의할 점은 재료와 와인이 어울릴 시간을 넉넉히 주어야 한
다는 것이다.

# WINE COCKTAIL 키르 KIR

재료와 기법

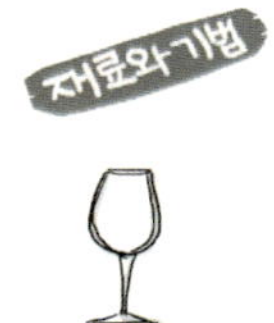

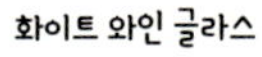

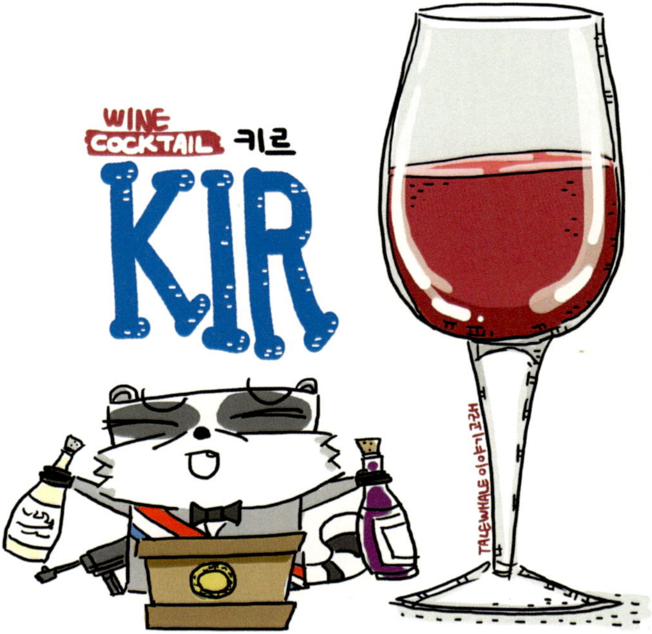

화이트 와인 글라스

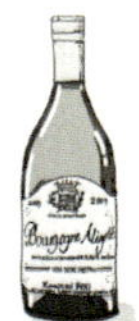

화이트 와인
90mL

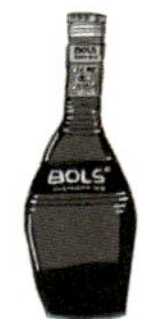

크렘 드 카시스
15mL

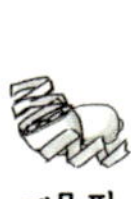

레몬 필

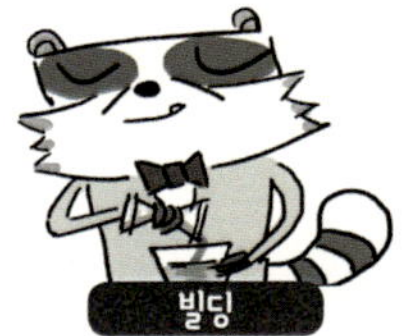

## ✔ 만드는 법

화이트 와인 글라스에 화이트 와인 90mL,
크렘 드 카시스 15mL를 넣는다.
가니시로는 레몬 필을 사용한다.

## ··· 칵테일 토크

프랑스 부르고뉴 디종의 특산물 중 가장 유명한 두 술, 알리고떼Aligote
와 크렘 드 카시스로 만드는 이 칵테일의 원래 이름은 블랑 카시스
Blanc Cassis라고 한다. 세계대전 당시 손수 레지스탕스를 이끌 정도로
조국와 디종을 사랑했던 시장 펠릭스 키르Félix Kir가 즐겨 마셨던 술이
라 그의 이름을 따 키르라는 이름으로 불리게 되었다.

화이트 와인에 카시스가 더해져 붉은색을 띠며, 카시스의 살짝 시큼
한 단맛이 와인과 잘 어울린다. 알리고떼와 크렘 드 카시스의 조합은
세계대전 동안 독일군이 디종 지역의 레드 와인을 모두 몰수해버린
탓에 생겨난 결과물이라 한다. 물론 전쟁으로 품질이 떨어지는 화이
트 와인을 감추는 데도 좋은 방법이었을 것이다.

알리고떼 대신 샴페인을 사용하면 키르 로얄Kir Royal, 카시스 대신 라
스베리 리큐어를 사용하면 키르 임페리얼Kir Imperial이 된다. 최근엔 알
리고떼를 고집하지 않고 다른 화이트 와인으로도 키르를 만들고 알
리고떼 생산량도 줄고 있지만, 키르란 이름의 칵테일이 있는 한 알리
고떼도 그곳에 있을 것이다.

| 세이커 | 얼음 | 드라이진 45mL | 라임주스 15mL | 설탕 1티스푼 |
|---|---|---|---|---|

| 칵테일글라스 | 라임 필 또는 라임 슬라이스 |
|---|---|

### ✔ 만드는 법

셰이커에 얼음과 드라이진 45mL, 라임주스 15mL,
설탕 1티스푼을 넣고 흔들어준다.
칵테일글라스에 얼음을 거르면서 따라준다.
라임 필이나 라임 슬라이스로 장식한다.

### … 칵테일 토크

원래 '김렛'은 목공 도구의 하나로, 구멍을 뚫기 위해 사용하는 손 도구를 말한다. 송곳과 비슷하지만 끝이 스크루Screw 같이 꼬여 있기 때문에 보다 쉽고 부드럽게 구멍을 낼 수 있다. 칵테일 김렛의 맛도 그렇다. 조금 무겁지만 진의 드라이한 맛과 라임의 톡 쏘는 맛을 같이 느낄 수 있으며, 깊숙이 파고들면서도 나름 부드럽게 꼬여 들어오는 맛이 참으로 이름과 어울린다.

미국 하드보일드 추리소설의 대가인 레이먼드 챈들러Raymond Chandler 는《기나긴 이별》에서 김렛에 대해 다음과 같이 적고 있다. "진짜 김렛은 진과 로즈Rose 사의 라임주스를 반반씩 섞어서 만들어야 한다. 그리고 그 외에는 아무것도 넣지 말아야 한다." 이후 이 레시피가 널리 알려져 로즈 사의 라임주스가 김렛에 많이 쓰이게 된 것은 말할 필요도 없을 것이다.

김렛은 장식을 하지 않거나 라임 슬라이스 또는 라임 필을 가니시로 사용한다. 남자들이 좋아하는 칵테일로 알려져 있고, 주로 식전주로 많이 이용된다.

## 재료와 기법

올드 패션드 글라스

얼음

드라이진
30mL

스위트 베르무트
30mL

캄파리
30mL

오렌지 필

## ❤ 만드는 법

올드 패션드 글라스에 얼음과 드라이진 30mL,
스위트 베르무트 30mL, 캄파리 30mL를 넣어준다.
오렌지 필로 장식한다.

## ⋯ 칵테일 토크

'백작의 술'로 불리는 네그로니는 식전주로 오랫동안 사랑받았다. 씁쓸한 맛의 캄파리, 드라이한 맛의 진 그리고 그 자체로 식전주가 되는 베르무트가 모여 있으니 당연히 그럴 수밖에. 1:1:1의 조합으로 얼핏 보면 간단해 보이지만, 제대로 만들기는 어려운 칵테일이다.
네그로니는 1919년 이탈리아 피렌체의 카소니Casoni, 현재는 카발리Cavalli라는 바에서 만들어졌다. 이 바에 자주 다녔던 카밀리오 네그로니Camillo Negroni 백작은 칵테일 아메리카노Americano에 소다수 대신 진을 넣어 마셨고, 바텐더는 항상 이 칵테일을 준비해놓았다고 한다. 이후 네그로니 가문은 이탈리아 트레비소Treviso에 증류소를 세우고 안티코 네그로니 1919Antico Negroni 1919이라는 이름으로 이 술을 생산했다. 또 다른 사연으로 19세기 후반 프랑스의 유명한 장군이자 백작이었던 파스칼 올리비에 드 네그로니Pascal Olivier de Negroni가 처음으로 만들었다는 이야기도 있다. 그는 1857년 결혼 후 세네갈에서 살았는데, 신부에게 줄 선물 겸 소화제로 이 술을 만들었다고 전해진다.
이탈리아의 네그로니든 프랑스의 네그로니든, 네그로니는 백작의 술이다.

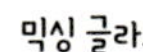

믹싱 글라스

얼음

드라이진
60mL

드라이 베르무트
10mL

칵테일글라스

올리브

## ✔ 만드는 법

믹싱 글라스에 얼음과 드라이진 60mL,
드라이 베르무트 10mL를 넣고 휘젓는다.
칵테일글라스에 얼음을 걸러 따라준 후 올리브로 장식한다.

## ⋯ 칵테일 토크

'칵테일의 왕'으로 불리는 마티니는 베르무트 제조사 중 하나인 이탈리아의 마티니 앤 로시 Martini & Rossi 사의 이름에서 유래되었으며, 원래 마티니 자체가 이 회사에서 생산되는 베르무트 제품 중 하나였다. 수없이 많은 레시피가 있으며 재료의 혼합 비율 또한 오랜 시간에 걸쳐 유행을 타며 계속해서 변해왔다. 드라이진에 드라이 베르무트가 들어가는 걸 보고 알 수 있듯이 맛은 당연히 드라이하다. 한마디로 달지 않다는 이야기. 그렇기 때문에 다가서기 쉽진 않지만 한번 빠져들면 헤어나오기 힘들 정도로 매력적이다.

많은 이들이 마티니란 이름을 알고 있는 것은 영화 007시리즈의 제임스 본드 때문이기도 할 것이다. "보드카 마티니. 젓지 말고 흔들어서 Vodka martini. shaken, not stirred."란 명대사는 워낙 유명하니까. 본드의 마티니에는 진이 아니라 보드카가 들어간다.

# GIN COCKTAIL 밀리언 달러
# MILLION DOLLAR

세이커

얼음

달걀흰자

드라이진
30mL

스위트 베르무트
15mL

그레나딘 시럽
1티스푼

파인애플주스
2티스푼

소서 샴페인 글라스

## ✔ 만드는 법

셰이커에 얼음과 달걀흰자, 드라이진 30mL,
스위트 베르무트 15mL, 그레나딘 시럽 Grenadine Syrup 1티스푼,
파인애플주스 2티스푼을 넣고 흔들어준다.
소서 샴페인 글라스에 얼음을 거르면서 따라준다.

## ⋯ 칵테일 토크

수수께끼를 맞춰보자. 세상에서 가장 비싼 칵테일은? 정답은 바로 밀리언 달러! 달걀이 들어가는 칵테일로 부드러운 거품이 표면 위에 살포시 앉아있다. 달걀흰자와 어우러지는 오묘한 핑크빛과 파인애플 향으로 맛을 상상했다가는 예상을 깨는 첫맛에 살짝 당황할 수 있지만, 조금 뒤 찾아오는 조화로운 맛을 발견한다면 밀리언 달러의 매력에 푹 빠질 것이다.

싱가포르 슬링 Singapore Sling과 함께 싱가포르를 대표하는 칵테일로, 싱가포르 래플스 호텔의 롱 바 Long Bar에서 일하던 바텐더 니암 통 분 Ngiam Tong Boon이 1910년경에 만들었다. 《달과 6펜스》로 유명한 작가 서머싯 몸 Somerset Maugham이 자신의 단편 〈편지〉에서 밀리언 달러를 언급하고 있으니 궁금한 사람은 찾아보시길. 작가의 한마디, 한 문장으로 밀리언 달러가 세계적으로 유명한 칵테일이 되었으니 한마디 말과 한 줄의 문장이 가지는 힘이 참으로 대단하다.

**9**
**밀리언 달러 (Million Dollar)**

## 재료와 기법

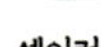
세이커

얼음

드라이진
30mL

레몬주스
15mL

설탕
1티스푼

얼음

필스너 글라스

소다수
적당량

체리브랜디
15mL

오렌지 또는 레몬 슬라이스

체리

## ✔ 만드는 법

세이커에 얼음과 드라이진 30mL, 레몬주스 15mL,
설탕 1티스푼을 넣고 흔들어준다.
얼음을 채운 필스너 글라스에 내용물을 따른 후
잔의 8부 정도까지 소다수로 채운다.
체리브랜디 15mL를 넣어준다.
오렌지 혹은 레몬 슬라이스와 체리로 장식한다.

## ··· 칵테일 토크

싱가포르 하면 마리나 베이 샌즈 호텔, 머라이언Merlion 그리고 칵테일 하나를 떠올린다. 바로 싱가포르 슬링. 이 칵테일 역시 1915년에 니암 통 분이 처음 선보였다. 여성들이 대놓고 술을 마실 수 없었던 당시의 사회 분위기 속에서, 과일 주스처럼 보이는 싱가포르 슬링은 큰 인기를 얻었다. 서머싯 몸이 '동양의 신비'라 극찬한 이 칵테일은 롱 바를, 래플스 호텔을, 더 나아가 싱가포르를 더욱 유명하게 만들었다. 이젠 싱가포르를 대표하는 상징물의 하나로 자리 잡았으니 칵테일 한 잔의 영향력이 이렇게나 대단할 수도 있는 것이다.

초기 레시피는 드라이진, 베네딕틴, 쿠앵트로, 체리 히어링Cherry Heering, 라임주스, 그레나딘 시럽, 앙고스투라 비터스에 파인애플과 체리 장식 등 매우 복잡했으나, 현재는 간소화된 다양한 레시피가 존재한다. 그중에서도 체리브랜디를 띄우는 방식은 일본을 통해 전해진 레시피이다.

| 세이커 | 얼음 | 드라이진<br>30mL | 오렌지주스<br>30mL | 설탕<br>1티스푼 |
|---|---|---|---|---|

칵테일글라스

## ✔ 만드는 법

세이커에 얼음, 드라이진 30mL, 오렌지주스 30mL,
설탕 1티스푼을 넣고 흔들어준다.
칵테일글라스에 얼음을 거르면서 따라준다.

## ··· 칵테일 토크

오렌지 블로섬, 즉 오렌지 꽃은 우리에겐 낯선 꽃이지만, 칵테일의
본고장에선 아주 흔한 꽃이다. 모양이 예쁜 데다 순결이란 꽃말을
갖고 있어 특히 결혼식 행사에서 많이 쓰인다. 미국은 금주법 시절
밀주를 감추기 위해 여러 재료를 섞어 마셨는데, 특히 결혼식 같은
연회에서 가볍게 마실 수 있도록 오렌지나 오렌지주스를 진과 함께
많이 섞었다. 그러다 보니 자연스레 술에 오렌지 블로섬이라는 이름
이 붙여졌다는 이야기가 있다.

오렌지주스가 들어가는 칵테일들은 주스와 술의 양을 조절하여 적
절한 맛을 낼 수 있다는 장점이 있다. 또한 오렌지가 진의 쓴맛을 잡
아주어 부담없이 즐길 수 있게 도와준다. 물론 오렌지주스는 진의
쓴맛을 잠시 가려줄 뿐 끝까지 감춰주지는 못한다. 숨어 있었던 진
의 참 맛이 드러날 때 오렌지 블로섬이 있는 장소의 분위기도 오렌
지 꽃처럼 피어날 것이다.

# GIN & TONIC

진토닉

GIN



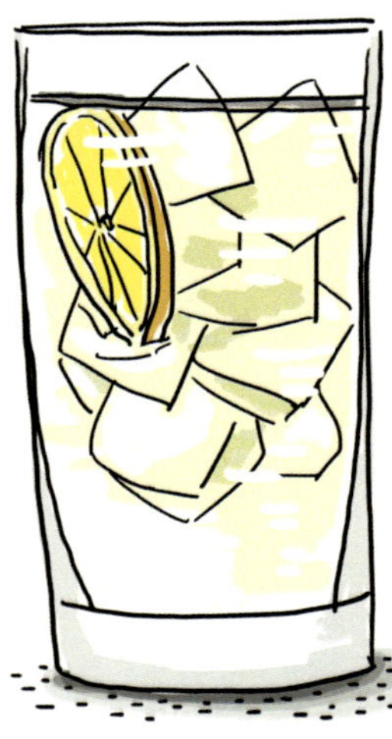

재료와 기법

하이볼 글라스

얼음

드라이진
45mL

토닉 워터
적당량

레몬 또는 라임 슬라이스

## ✔ 만드는 법

하이볼 글라스에 얼음과 드라이진 45mL를 넣고
나머지를 토닉 워터로 채운 뒤 가볍게 섞어준다.
레몬 또는 라임 슬라이스로 장식한다.

## ⋯ 칵테일 토크

진토닉은 아주 오래전부터 많은 사랑을 받아온 칵테일이며, 특히 우리나라에서 가장 인기 있는 칵테일이기도 하다. 가벼운 진과 토닉 워터의 조합은 만들기도 쉽고 처음 칵테일을 접하는 사람들도 쉽게 받아들이게 한다. 쉽고 단순하며 화려하지 않은 것, 이것이 몇백 년이 지나도 진토닉이 여전히 사랑받는 이유다. 그러나 단순한 조합의 칵테일이 그렇듯 제대로 만들기엔 아주 어려운 칵테일이기도 하다.

진토닉의 시작은 토닉 워터의 역사와 같이한다. 19세기 인도에 있던 영국인들은 말라리아를 예방하기 위해서 키니네Kinine, 퀴닌Quinine이라 불리던 키나Chichoca나무 껍질에서 추출한 음료를 섭취했다. 그런데 그 맛이 무척 썼기 때문에 설탕이나 레몬, 라임 등을 섞어 마셨다. 이런 토닉 워터에 진을 첨가한 진토닉은 깔끔한 맛으로 인기를 끌며 세계적으로 알려지게 되었다. 이후 토닉 워터는 강장제란 이름이 무색하게 진토닉을 위한 음료로 발전했고, 서로 딱 붙어 떨어지지 않는 천생연분이 되어 변함없이 많은 사랑을 받고 있다.

GIN COCKTAIL
진 피즈
GIN FIZZ
TALEWHALE.아카기고구먼
재료와기법
세이커
얼음
드라이진
45mL
레몬주스
20mL
설탕
2티스푼
세이킹
얼음
하이볼 글라스
소다수
적당량
빌딩
레몬 슬라이스

## ✔ 만드는 법

셰이커에 얼음과 드라이진 45mL, 레몬주스 20mL,
설탕 2티스푼을 넣고 흔들어준다.
얼음을 채운 하이볼 글라스에 내용물을 따른다.
나머지는 소다수로 채우고 가볍게 섞어준다.
레몬 슬라이스로 장식한다.

## ⋯ 칵테일 토크

'피즈'란 탄산에서 나는 소리를 말한다. 탄산음료가 담긴 용기의 뚜껑을 열 때나 따라 놓은 탄산음료에서 나는 그 소리, 피즈~. 진 피즈는 깜찍한 이름처럼 맛도 깜찍하지만 나름 셰이킹과 빌딩이란 두 가지 기법이 사용되는 칵테일이다.

진 피즈는 진과 레몬주스, 소다수를 주재료로 만드는 피즈 스타일 칵테일 중 가장 유명한 만이 격이다.

피즈 패밀리는,

아메리칸 위스키를 넣은 위스키 피즈 Whiskey Fizz

럼과 포트와인, 달걀흰자로 만든 시카고 피즈 Chicago Fizz

진 피즈에 달걀을 추가한 로얄 피즈 Royal Fizz

진 피즈에 달걀흰자를 추가한 실버 피즈 Silver Fizz

진 피즈에 달걀노른자를 추가한 골든 피즈 Golden Fizz

탄산수 대신 샴페인을 넣은 다이아몬드 피즈 Diamond Fizz 등등

대가족이다.

셰이커    얼음    올드 톰 진 60mL    레몬주스 30mL    설탕 1티스푼

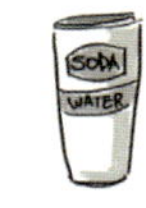

얼음    콜린스 글라스    소다수 적당량    레몬 슬라이스    체리

## 만드는 법

셰이커에 얼음과 올드 톰 진 60mL, 레몬주스 30mL,
설탕 1티스푼을 넣고 흔들어준다.
얼음을 채운 콜린스 글라스에 내용물을 걸러 따라준다.
소다수를 채운 뒤 레몬 슬라이스와 체리로 장식한다.

## 칵테일 토크

진에 상큼한 레몬주스와 달콤한 설탕, 소다수가 조합된 톰 콜린스는
산뜻하고 상큼한 콜린스 계열 칵테일의 정석이다.

올드 톰 진 대신 드라이진을 사용하기도 하며, 진과 레몬주스를 3:1
의 비율로 섞어 만들기도 한다. 처음엔 만든 이의 이름을 따서 존 콜
린스라 불렸으나, 제리 토마스Jerry Thomas의 《The Bar Tender's Guide》
(1876)에서 올드 톰 진을 사용한 레시피가 공개된 이후 톰 콜린스란
이름이 확고히 자리 잡게 되었다. 존 콜린스는 보통의 진을 사용하거
나 버번위스키를 사용하는 레시피로 많이 알려져 있다.

톰 콜린스가 유행할 즈음 뉴욕 등지의 바에서는 이와 관련된 농담이
유행했다고 한다. 일종의 말장난으로 톰이란 사람에 대한 황당한 이
야기를 하다가 그 톰이란 사람이 이 바에 있다고 소곤대는 것이다.
그러면 이 장난을 모르는 손님은 바텐더에게 톰이 누구냐고 물을 테
고, 바텐더는 그제야 태연하게 "톰은 방금 바를 떠났다(팔렸다)Tom is
lefted"고 대답하는 식의 농담이었다고 한다.

### 재료와 기법

세이커

얼음

드라이진
30mL

에프리코트 브랜디
15mL

오렌지주스
30mL

칵테일글라스

## ✔ 만드는 법

셰이커에 얼음과 드라이진 30mL, 에프리코트 브랜디 15mL,
오렌지주스 30mL를 넣고 흔들어준다.
칵테일글라스에 얼음을 거르면서 따라준다.

## ⋯ 칵테일 토크

귓가에는 파도 소리가,
이마에는 시원한 바람이,
그늘 속 해먹에는 느려지는 시간이.
그곳에서 칵테일 한 잔이라면
그곳은 파라다이스라 불릴 테며,
칵테일 이름으로 이보다 더 좋을 수 없겠지.
그럴듯한 곳이 아니면 어떠랴.
각자가 그리는 낙원은 다를 테니.
어느 곳의 낙원을 바라는지는 모르나
혹 그곳에 있다면 이 칵테일 한 잔을 즐겨보시길.

파라다이스는 간단한 이름과 레시피에 특별한 사연도 흥미로운 이
야기도 없지만, 오래되고 유명한 칵테일이다.
드라이진이 에프리코트 브랜디, 오렌지주스와 어울리며 내는 상큼
달콤한 향과 맛은 여성들에게 많은 사랑을 받아온 비결일 것이다.

| 셰이커 | 얼음 | 드라이진<br>30mL | 레몬주스<br>15mL | 슈가 시럽<br>2대쉬 |
|---|---|---|---|---|

| 플루트 샴페인 글라스 | 샴페인<br>적당량 | 체리 | 레몬 또는 오렌지필 |
|---|---|---|---|

## ❤ 만드는 법

세이커에 얼음과 드라이진 30mL, 레몬주스 15mL,

슈가 시럽 2대쉬 혹은 설탕 2티스푼을 넣고 흔들어준다.

플루트 샴페인 글라스에 내용물을 따르고,

나머지는 샴페인으로 채운다.

체리, 레몬 또는 오렌지 필 등으로 장식한다.

## ⋯ 칵테일 토크

원래 '프렌치 75'는 제1차 세계대전의 주역 중 하나였던 최초의 현대식 야포野砲의 이름이다. 해리 멕엘혼Harry Macelhone의《Harry's ABC of Mixing Cocktails》(1922)에 처음 등장하니 공식 기록만 100년 가까이 된 셈이다.

20세기 초 파리에는 미국의 경마 스타 제임스 포만(토드) 슬로안 James forman(tod) sloan이 운영하는 뉴욕 바New York Bar가 있었다. 이곳은 야전병원 구급차 부대로 참전한 미군들이 즐겨 찾는 장소였다고 한다. 장소가 장소인 만큼 이곳에서 탄생한 칵테일에 제1차 세계대전을 승리로 이끈 아이콘의 이름이 붙인 것도 어찌 보면 당연한 일이다.

프렌치75는 시원한 청량감을 자랑하며, 진의 드라이함과 레몬주스의 상큼함이 담겨 있어 여성에게도 인기가 많다. 맥엘혼의 레시피는 샴페인이 아닌 칼바도스를 사용하는데, 현재도 종종 다른 증류주를 사용한다. 보드카를 쓰면 프렌치 76, 버번위스키를 쓰면 프렌치 95, 브랜디를 쓰면 프렌치 125 등으로 달리 부른다.

믹싱 글라스

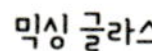

얼음

드라이진
45mL

스위트 베르무트
45mL

퍼넷 브랑카
2대쉬

칵테일글라스

레몬 필

## ✔ 만드는 법

믹싱 글라스에 얼음과 드라이진 45mL, 스위트 베르무트 45mL, 퍼넷 브랑카Fernet Branca 2대쉬를 넣고 휘저어준다.
칵테일글라스에 얼음을 걸러 따른 후 레몬 필로 장식한다.

## ⋯ 칵테일 토크

행키 팽키는 런던 사보이 호텔 아메리칸 바의 전설적인 바텐더, 콜리Coley라는 애칭으로 불린 에이다 콜맨Ada Coleman이 만든 칵테일이다. 어느 날 영국의 유명한 배우이자 영화감독인 찰스 호트레이 경sir. Charles Hawtrey이 콜맨에게 물었다. "콜리, 피곤한데 뭔가 한 방에 정신이 들만한 게 없나?" 그가 다시 바를 찾았을 때 콜맨은 새로운 칵테일을 내밀었다. 찰스 경은 단숨에 이를 들이켠 후 "젠장! 이거 진짜 행키 팽키네!" 하고 감탄했다고.

행키 팽키는 사전적으로는 '문란한 성행위'라는 뜻이 있지만 찰스 경의 말처럼 '무언가 새로운, 한 방의 느낌'이라는 의미에서 이와 같은 이름으로 불리게 됐다. 콜맨의 후임이자 역시 전설적인 바텐더인 해리 크래독Harry Cradock의 책에서 처음 정식 레시피가 소개된 이후, 현재는 셰이킹 대신 스터링 기법을 사용하거나 오렌지주스를 첨가하는 등 다양한 방식으로 만들어진다. 클래식 칵테일들의 선전과 함께 행키 팽키 역시 다시금 많은 사랑을 받고 있다.

재료와 기법

세이커

얼음

버번위스키
45mL

라임주스
15mL

설탕
1티스푼

그레나딘 시럽
0.5티스푼

세이킹

칵테일글라스

오렌지 또는 레몬 필

## ✔ 만드는 법

셰이커에 얼음과 버번위스키 45mL, 라임주스 15mL,
설탕 1티스푼, 그레나딘 시럽 0.5티스푼을 넣고 흔들어준다.
얼음을 걸러 칵테일글라스에 따라준 후
오렌지 또는 레몬 필로 장식한다.

## ⋯ 칵테일 토크

세계적인 도시이자 칵테일의 중심지 뉴욕. 뉴욕이 이런저런 유행과
흥망을 반복하며 칵테일을 즐겨온 세월은 도시의 나이와 같다. 그런
도시 이름을 딴 칵테일 하나 없다면 그게 더 이상할 일일 터이다. 금
주법의 시기, 바의 유행을 주도했던 재즈와 칵테일. 많은 시간이 쌓
이면서 이런저런 술의 조합에 불과할지도 모를 한 잔의 술이 여러 사
람에게 비슷한 감정을 공유할 수 있게 해준다고 하면 너무 거창할 것
일까?

칵테일 뉴욕에는 위스키와 라임주스, 설탕 등 각각의 재료들이 가진
개성이 모두 나타난다. 위스키의 풍부한 향과 라임주스의 상큼함 그
리고 달콤한 설탕의 맛까지. 이름이 뉴욕이니 아메리칸 위스키를 사
용하는 것이 당연하다고 생각할 수 있다. 실제로 뉴욕에는 미국산 호
밀 위스키, 즉 '아메리칸 라이 위스키'를 많이 사용한다. 그런데 캐나
디안 위스키 역시 '라이 위스키'란 별칭이 있기 때문인지 캐나디안
위스키로 만든 뉴욕도 어렵지 않게 만나볼 수 있다.

# RUSTY NAIL
## 러스티 네일

올드 패션드 글라스     얼음     스카치위스키 45mL     드람부이 15mL

## ✔ 만드는 법

올드 패션드 글라스에 얼음과 스카치위스키 45mL,
드람부이 15mL를 넣고 섞어준다.

## ··· 칵테일 토크

러스티 네일은 직역하자면 '녹슨 못'이라는 뜻이지만, '예스럽다'라
는 의미도 있다. 올드 패션드 스타일에 러스티 네일이란 이름을 들
으면 적어도 100년 이상의 역사를 지닐 법하지만 사실은 그렇지 않
다. 1930년경부터 스카치위스키와 드람부이를 섞은 여러 칵테일들
이 시도되었다가 1960년대에 이르러 비로소 러스티 네일이라는 이
름을 가지게 되었다. 고풍스러운 맛과 스타일, 이름에 비하면 의외
로 그렇게 오래된 칵테일은 아니다.

모자라지도 넘치지도 않는 향과 맛이 러스티 네일의 특징이다. 스카
치위스키의 강한 맛을 드람부이가 잡아주고 드람부이의 단맛과 짙
은 허브 향을 스카치위스키가 잡아주기 때문이다. 이 간단한 조합은
지금까지도 많은 이들의 감탄을 자아내고 있으며, 앞으로도 계속 그
럴 것이다. 버번위스키를 사용한 러스티 밥Rusty Bob, 맥주를 사용한
러스티 에일Rusty Ale 등 변형된 칵테일들이 많이 있지만, 아무래도 러
스티 네일은 스카치위스키와 드람부이를 올드 패션드 글라스에 담
는 소박한 방식이 제격인 듯하다.

## 재료와 기법

믹싱 글라스

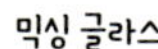

얼음

버번위스키
45mL

스위트 베르무트
20mL

앙고스투라 비터스
1대쉬

칵테일글라스

체리

## ✔ 만드는 법

믹싱 글라스에 얼음과 버번위스키 45mL,
스위트 베르무트 20mL, 앙고스투라 비터스 1대쉬를 넣고
바 스푼으로 휘저어준다.
칵테일글라스에 얼음을 걸러 따라준 후 체리로 장식한다.

## ⋯ 칵테일 토크

세계적인 도시 뉴욕을 대표하는 맨해튼. 같은 이름을 가진 칵테일에 '칵테일의 여왕'이란 별명이 있는데, 버번위스키와 스위트 베르무트가 어우러져 달콤한 맛과 아름다운 색을 띤다. 그러면서도 마냥 달콤하거나 부드러운 것만은 아니라서 비터스가 도도하게 턱을 치켜세운다. 체리 가니시로 정점을 찍는 세련된 외형은 실로 여왕이라 불리기에 부족함이 없다. 마티니가 남성들이 선호하는 칵테일이라면, 맨해튼은 여성들이 좋아하는 칵테일로 꼽힌다.

1860~70년경 뉴욕에서 탄생한 것은 확실하지만, 자세한 부분에는 논란이 있다. 가장 많이 알려진 이야기는 뉴욕의 맨해튼 클럽 Manhattan Club에서 윈스턴 처칠 Winston Churchill의 어머니인 제니 제롬 Jennie Jerome이 주최한 연회에서 처음 만들어졌다는 설이다. 이 이야기에는 많은 이견이 있지만 적어도 뉴욕 맨해튼 클럽이 일정 부분 맨해튼의 탄생과 관련되어 있는 것이 분명해 보인다.

레시피에서 버번을 스카치위스키로 바꾸면 롭 로이 Rob Roy가 된다.

하이볼 글라스

민트잎
4~6장

설탕
1티스푼

물
2티스푼

크러시드 아이스

버번위스키
45mL

## ✔ 만드는 법

하이볼 글라스에 민트잎 4~6장과 설탕 1티스푼,
물 2티스푼을 넣고 머들러나 바 스푼으로 으깬다.
크러시드 아이스를 채우고 버번위스키 45mL를 넣어 휘젓는다.
민트잎으로 장식한다.

## ⋯ 칵테일 토크

민트잎과 버번위스키만 있다면 누구나 간단하게 만들 수 있다. 레시피가 심플한 것은 물론이고 맛도 강하지 않기 때문에 부담 없이 즐길 수 있어 폭넓은 사랑을 받는 칵테일이다. 달콤하고 상큼한 맛을 내며, 가득 채운 얼음과 민트잎이 깔끔하고 시원한 끝 맛을 선사한다. 거기에 위스키와 민트잎의 묘한 색 조화도 포인트다.

줄렙Julep은 '물약'을 뜻하며, 그 기원은 장미수를 뜻하는 '굴랍Gulab'이라는 고대 페르시아어까지 거슬러 올라간다. 그들이 즐겼던 음료가 변해서 지금의 민트 줄렙이 되었다는 이야기가 전해진다. 미국 남부에선 1700년대부터 즐겨 마셨다고 하며 오랜 역사와 세계적인 규모를 자랑하는 켄터키 지역의 경마 대회이자 축제인 '켄터키 더비 Kentucky Derby'의 공식 칵테일이기도 하다. 이 대회 기간에만 민트 줄렙이 12만 잔 가까이 팔린다고.

# BLUE BLAZER



블루블레이저

재료와 기법

은 도금 머그

스카치위스키
75mL

뜨거운 물
75mL

설탕
1티스푼

아이리시 커피 글라스

레몬 필

## ✔ 만드는 법

은 도금 머그에 스카치위스키 75mL, 뜨거운 물 75mL,
설탕 1티스푼을 넣고 불을 붙인다.
다른 머그잔에 내용물을 여러 차례 나눠 따르면서 섞는다.
아이리시 커피 글라스에 따른 후 레몬 필로 장식한다.

## ⋯ 칵테일 토크

바텐더의 아버지 제리 토머스를 검색하면 나오는 가장 유명한 장면
이 바로 블루 블레이저를 만드는 모습인데, 그는 플레어 쇼에서도 선
구자였다. 큰 머그잔에 위스키와 뜨거운 물을 넣고 불을 붙이면 파란
색 불이 일어나는데 양쪽 머그잔에 번갈아 가며 따라주면 최고의 쇼
가 펼쳐진다. 멋진 쇼를 위한 비장의 카드로 충분하니 다른 사람 앞
에서 솜씨를 뽐내도 좋다. 하지만 꺼진 불도 다시 봐야 하는 법! 멋진
블레이저로 쇼를 펼치려면 만발의 준비가 필요하다. 농담이 아니라
정말로 큰일이 날 수 있으니 화재 사고에 꼭 대비해놓을 것.
핫 토디의 레시피와 비슷하며 마찬가지로 설탕 대신 꿀을 넣기도 한
다. 위스키에 뜨거운 물과 설탕, 뜨거운 불까지 입혀진 블루 블레이
저는 추운 겨울은 물론 몸이 조금 춥다 싶을 때 제격이다. 때로는 스
카치위스키 대신 버번위스키를 사용해 만들기도 한다.

믹싱 글라스

각설탕

페이쇼스 비터스
1대쉬

얼음

라이 위스키
60mL

올드 패션드 글라스

압생트
0.5티스푼

레몬 필

## ✔ 만드는 법

믹싱 글라스에 각설탕을 넣고, 페이쇼스 비터스를 1대쉬 뿌리고 바 스푼으로 설탕을 부숴준다.

얼음과 라이 위스키 60mL를 넣고 휘저어준다.

올드 패션드 글라스에 압생트를 0.5티스푼을 넣고 잔을 돌려 압생트가 골고루 묻도록 한다.

얼음을 걸러 잔에 따라준 후 레몬 필로 장식한다.

## ··· 칵테일 토크

미국에서 가장 오래된 역사를 가진 칵테일 중 하나다. 올드 패션드 글라스에 묻힌 압생트와 페이쇼스 비터스는 그렇지 않아도 묵직한 위스키 칵테일에 남성스러움을 한층 더해준다.

1850년경 뉴올리언스의 스웰 테일러Sewell Taylor가 새즈락 드 포지 앤 필스Sazerac de Forge & Fils라는 코냑을 수입하여 그의 바에서 팔았다. 이후 아론 버드Aaron Bird가 바를 인수하고 새즈락 커피하우스로 상호를 변경한 뒤 코냑을 넣은 칵테일을 팔기 시작하면서 새즈락의 역사가 시작되었다. 커피하우스에서 그다지 멀지 않은 곳에 페이쇼의 약재상이 있었는데, 그렇기 때문에 자연스럽게 칵테일에 페이쇼스 비터스를 사용하게 되었을지도 모른다.

그 시대 유행을 안고 태어난 새즈락. 원한다면 오리지널 코냑을 사용하여 더욱 그 시절에 가깝게 즐길 수 있으리라.

아이리시 커피 글라스

갈색 설탕
1티스푼

뜨거운 커피
180mL

아이리시 위스키
45mL

생크림

## ✔ 만드는 법

아이리시 커피 글라스에 뜨거운 물을 넣고 데운다.
물을 따라낸 뒤 갈색 설탕 1티스푼, 뜨거운 커피 180mL,
아이리시 위스키 45mL를 넣고 섞어준 후 생크림을 띄워준다.

## ⋯ 칵테일 토크

상대적으로 보기 힘든 핫 칵테일을 대표한다. 아이리시 커피는 뛰어
난 향은 말할 것도 없고 지친 몸을 풀어주는 데 좋은 칵테일이다.
1930~40년대 대서양 횡단을 하던 비행정 터미널 중 하나가 서부
아일랜드의 포인즈Foynes 지역에 있었다. 당시 비행정에 탑승했다가
악천후를 만나 되돌아온 승객들이 몸을 녹일 수 있도록, 지역 레스
토랑의 요리사였던 조 쉐리던Joe Sheridan은 따뜻한 커피에 아이리시
위스키를 넣고 크림을 얹어 제공했다. 이를 맛본 한 승객이 "이건 브
라질 커피인가요?"라고 묻자 "아니요, 아이리시 커피입니다."라고
대답한 데서 칵테일 이름이 붙었다는 꽤나 그럴싸한 이야기가 있다.
어찌 되었거나 포인즈 비행장을 오가는 부유층들에 의해 아이리시
커피는 조금씩 알려졌고, 새넌 국제공항이 세워지면서 더 널리 퍼졌
다. 어려운 시기를 거쳐야만 했던 아이리시 위스키에 아이리시 커피
는 한 줄기 희망과도 같았다. 이 칵테일이 없었다면 아이리시 위스
키는 더 힘든 시절을 견뎌내야 했을 것이다.

**24**

아이리시 커피 (Irish Coffee)

# OLD FASHIONED

올드 패션드
WHISKEY COCKTAIL

올드 패션드 글라스

각설탕

앙고스투라 비터스
1~2대쉬

소다수
15mL

얼음

버번위스키
45mL

체리

오렌지 조각

## ✔ 만드는 법

올드 패션드 글라스에 각설탕을 넣고
앙고스투라 비터스 1~2대쉬, 소다수 15mL를 넣고
바 스푼으로 각설탕을 부셔 녹인다.
얼음과 버번위스키 45mL를 넣고 섞어준다.
체리와 오렌지 조각으로 장식한다.

## ⋯ 칵테일 토크

올드 패션드 글라스를 쓰는 칵테일의 대표 격인 올드 패션드는 버번위스키와 비터스의 쓴맛과 향이 강한 시작을, 점점 녹아드는 설탕의 단맛이 부드러운 마무리를 도와준다. 마티니, 맨해튼과 함께 세계 3대 남성 칵테일 중 하나이며, 위스키와 비터스, 설탕으로 만들어지는 클래식 칵테일의 기준이다.

올드 패션드는 켄터키 루이스빌Louisville의 펜더니스 클럽The Pendennis Club에서 증류업자 제임스 페퍼James E. Pepper의 요청으로 만들어졌다고 한다. 전통적인 칵테일을 생각나게 하기에 '지난 것', '구식'이란 뜻의 이름이 붙었으며, 당시 유행하던 칵테일 토디와 비슷하여 '지난날의 기억을 되살려준다'는 의미가 더해졌다는 이야기가 널리 퍼져있다. 오늘날 한 시대를 풍미했던 칵테일들이 세월을 지나 다시 주목받고 있다. 돌고 도는 것이 유행이니 다시 올드 패션드의 시대가 오는 것일지도 모른다. 그러나 생각해보면 올드 패션드는 유행과 상관없이 "칵테일이란 이런 거지."라는 고집으로 항상 그 자리에 있었다.

| 세이커 | 얼음 | 버번위스키<br>45mL | 레몬주스<br>15mL | 설탕<br>1티스푼 | 세이킹 |
| --- | --- | --- | --- | --- | --- |

| 사워 글라스 | 소다수<br>30mL | 빌딩 | 레몬 슬라이스 | 체리 |
| --- | --- | --- | --- | --- |

## ✔ 만드는 법

세이커에 얼음과 버번위스키 45mL, 레몬주스 15mL,
설탕 1티스푼을 넣고 흔들어준다.
사워 글라스에 얼음을 걸러 따라준 후 소다수 30mL를 섞어준다.
레몬 슬라이스와 체리로 장식한다.

## ⋯ 칵테일 토크

1872년 엘리엇 스텁Elliott Stubb이 만들었다는 이야기가 있을 정도로
상당히 오랜 역사를 자랑한다. 버번위스키가 들어가기 때문에 표기
법은 'whisky'가 아닌 'whiskey'를 사용한다. 클래식한 칵테일 중 하
나이며 사워 칵테일의 대표 주자로서 꾸준한 인기를 누리는 칵테일
이다.

사워란 단어 자체가 신맛을 뜻하는 데다가 가니시 또한 레몬과 체
리이니 어떤 맛인지는 쉽게 예상할 수 있을 것이다. 적당한 무게감
을 가지고 있는 위스키에 새콤달콤함이 더해져 여성들도 쉽게 마실
수 있는 위스키 칵테일이다. 우리나라에서는 주로 소다수를 넣은 레
시피가 많이 쓰이는데, 먼저 소다수를 뺀 재료들을 흔들어 섞고 사워
글라스에 따른 후 소다수를 부어 완성한다. 외국에서는 소다수를 넣
지 않고, 잔도 올드 패션드 글라스를 사용한다. 때에 따라서 달걀흰
자를 추가하기도 한다.

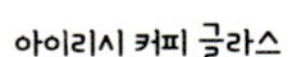

아이리시 커피 글라스

버번위스키
45mL

꿀
15mL

뜨거운 물
적당량

레몬 조각

정향

시나몬 스틱

## 만드는 법

아이리시 커피 글라스에 뜨거운 물을 넣고 데운다.

물을 버리고 버번위스키 45mL, 꿀 15mL를 섞는다.

글라스 가득 뜨거운 물을 채운다.

정향을 꽂은 레몬 조각이나 시나몬 스틱으로 장식한다.

## 칵테일 토크

토디는 핫 칵테일의 조상 격으로 아주 오래전부터, 칵테일이 제 모습을 갖추기 전부터 자연스러운 방식으로 만들어진 술이다. 1700년대 스코틀랜드에서 유래한다고 하는데, 스피릿Spirits이 나타난 때부터 생겨나지 않았을까 추측한다. 위스키나 스피릿에 뜨거운 물을 붓고 꿀 혹은 설탕을 넣은 환상적인 조합에 각각의 목적과 좋은 향을 위해 여러 향신료와 약초가 첨가되었다.

토디란 이름의 기원은 잘 알려져 있지 않지만, 스코틀랜드 시인 알란 램지Allan Ramsay의 시집《아침 인터뷰》(1721)에서 이와 연관된 시구가 전해진다. "주전자 가득한 토디안의 샘물Kettles full of Todian Spring"이란 표현이 나오는데, 이는 '토드의 우물Tod's well'로 당시 스코틀랜드 에든버러의 식수원이 되는 물을 가리킨다고 한다. 위스키의 어원 역시 '생명의 물'이니 샘물과 잘 어울리기는 하다.

사실 어원이 무슨 상관이랴. 이 따뜻한 칵테일은 오랜 세월 동안 변함없는 모습으로 사람들의 차가운 몸과 마음을 위로해주었다.

## 재료와 기법

콜린스 글라스

얼음

드라이진
15mL

보드카
15mL

화이트 럼
15mL

테킬라
15mL

트리플 섹
15mL

스위트 앤 사워 믹스
45mL

콜라
적당량

라임 또는 레몬 조각

## ✔ 만드는 법

콜린스 글라스에 얼음을 채우고 드라이진 15mL,
보드카 15mL, 화이트 럼 15mL, 테킬라 15mL,
트리플 섹 15mL, 스위트 앤 사워 믹스 45mL를 넣는다.
나머지를 콜라로 채워준다.
라임이나 레몬 조각으로 장식한다.

## ⋯ 칵테일 토크

여러 가지 재료들이 섞여 아이스티와 같은 맛과 색을 내는 칵테일로
주재료가 많기에 레시피 역시 다양하다. 1972년 롱아일랜드 섬 오
크 비치 인Oak Beach Inn의 바텐더 로버트 버트Robert Butt가 만들었다고
하고, 1920년 테네시의 롱아일랜드 지역에서 만들어졌다는 이야기
도 있다. 다만 이 칵테일이 1980년대부터 큰 인기를 끌었고, 버트의
레시피가 가장 많이 사용된다는 점은 분명하다.

달콤하지만 도수가 상당히 높다. 콜라의 양을 조절하는 것이 맛을
내는 포인트로 너무 많이 넣으면 콜라가 다른 재료의 맛을 없애버리
고, 너무 적으면 아이스티의 색과 맛이 나지 않는다. 조금 모자란 듯
채워주는 것을 추천한다. 레시피에서 콜라를 크랜베리주스로 바꾸
면 롱비치 아이스티Long Beach Iced Tea란 칵테일이 된다. 실제 롱비치는
롱아일랜드의 서쪽 해안 지명이기도 하다.

재료와 기법

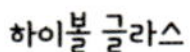

하이볼 글라스   or   구리 머그잔    얼음    보드카 45mL    라임주스 45mL

진저비어 적당량    빌딩    라임 조각

## ✔ 만드는 법

하이볼 글라스 혹은 구리 머그잔에 얼음과 보드카 45mL,
라임주스 45mL를 넣고, 나머지를 진저비어로 채워준다.
라임 조각으로 장식한다.

## ⋯ 칵테일 토크

러시아 느낌이 물씬 나는, 누가 봐도 보드카가 들어갔으리라 생각되
는 이 칵테일은 라임주스와 진저비어가 들어가 상큼한 맛이 난다.
구리 머그잔이 청량감을 더해주니 뜨거운 여름에 제격인 칵테일이
다. 또한 보드카 판매를 도와준 일등 공신이기도 하다.

재고로 골머리를 앓던 진저비어 업자, 미진한 판매 때문에 고민하던
보드카 업자, 장사가 어렵던 구리 머그잔 업자인 세 친구가 만나 모
스크바 뮬이 만들어졌다는 이야기는 잘 알려져 있다.

실제로 모스크바 뮬은 1940년 할리우드의 레스토랑 콕 앤 불Cook'n
Bull의 사장인 잭 모건Jack Morgan과 주류업체 휴블레인Heublein 사의 존
마틴John G. martin 그리고 정확한 신원을 알 수 없는 또 다른 한 사람이
만나 만들었다고 한다. 마지막 한 사람에 대해서는 잭 모건의 여자
친구라거나 다른 주류업자라거나 하는 여러 가지 설이 있다. 작정하
고 만든 칵테일임에도 여러 이야기가 이렇게 얽히고설켜 있는 것이
칵테일답다.

# BLACK RUSSIAN
## 블랙 러시안

올드 패션드 글라스

락 아이스

보드카
45mL

커피 리큐어
15mL

## ✔ 만드는 법

올드 패션드 글라스에 락 아이스를 넣고
보드카 45mL와 커피 리큐어 15mL를 부어준다.

## ··· 칵테일 토크

1949년 벨기에 브뤼셀의 메트로폴 호텔 바텐더 구스타프 톱스Gustave Tops가 처음 선보였는데, 룩셈부르크의 미국 대사였던 펄 메스타Perle Mesta를 위해 만들었다고 한다.

커피 리큐어의 색이 블랙이고 보드카는 러시아를 대표하는 술이니 이런 이름이 붙었겠지만, 때마침 시작된 냉전 시대 구소련의 억압을 버텨내겠다는 저항의 의미를 지닌다는 그럴듯한 이야기도 있다. 미국 대사를 위해 만들어진 칵테일이니 블랙 러시안이란 이름에 좋은 의미가 들어있을 리 없다는 추측이 완전히 틀린 것은 아닐지도. 그저 커피와 보드카의 조합 때문인지 아니면 정말 냉전 시대 억압을 버텨내겠다는 의지인지 혹은 그저 러시아인을 비웃는 것이었는지 모르지만, 블랙 러시안은 러시아와 보드카를 널리 알리는 칵테일이 되었다. 우유나 생크림을 첨가한 화이트 러시안White Russian까지 생겨날 정도니 그 유명세야 말해 뭐하랴.

커피 리큐어가 들어간 칵테일들은 맛과 향이 달콤해 인기가 많다. 하지만 칵테일 대부분이 그렇듯, 특히 보드카가 들어간다면 더욱더 맛에 속아 만만하게 보면 안 된다. 잔혹한(?) 블랙 러시안처럼 술은 얕보는 자에게 자비를 베풀지 않는다.

하이볼 글라스

우스터소스
1티스푼

타바스코 소스
1대쉬

소금, 후추

얼음

보드카
45mL

토마토주스
적당량

레몬 슬라이스

셀러리

## ✔ 만드는 법

하이볼 글라스에 우스터소스 1티스푼,

타바스코 소스 1대쉬, 소금과 후추를 넣어준다.

얼음과 보드카 45mL, 토마토주스를 부어준다.

레몬 슬라이스와 셀러리로 장식한다.

## ⋯ 칵테일 토크

술의 신 디오니소스의 경고일까? 아니면 인간을 향한 나름의 사랑법일까? 술을 마시는 사람이라면 언젠가는 숙취로 고생하기 마련이다. 이 칵테일은 숙취를 잡는 해장술로 유명하다.

블러디 메리는 16세기 영국 튜터 왕조의 여왕인 메리 1세의 별칭으로, 가톨릭으로의 회귀를 위해 성공회를 탄압하는 과정에서 붙여졌다. 피의 탄압을 자행한 그녀의 행적은 폭군과 다름없지만, 여기엔 그녀의 아버지였던 헨리 8세의 책임도 크다. 헨리 8세는 교황과 절연하고 교회의 수장을 자임했는데, 개종의 이유가 메리의 어머니와 이혼하기 위해서였다.

블러디 메리에는 상당히 흥미로운 재료들이 들어간다. 우스터소스나 타바스코 소스 같은 양념이 들어가고, 가니시로 셀러리를 사용하다 보니 꽤나 눈길을 끈다. 재료가 특이한 만큼 호불호가 갈리지만 각각의 재료들이 상당히 잘 어우러지는 칵테일이다.

술이 약하다면 블러디 메리로 시작해보는 것은 어떨까. "마티니를 마시기에 너무 이르다면"이란 블러디 메리의 슬로건처럼 말이다.

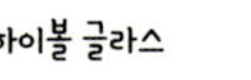

하이볼 글라스

얼음

보드카
45mL

오렌지주스
90mL

### ✔ 만드는 법

하이볼 글라스에 얼음을 넣고 보드카 45mL,
오렌지주스 90mL를 섞어준다.

### … 칵테일 토크

보드카가 인기를 끈 것은 단연 보드카가 들어간 칵테일 덕분이라고
할 수 있다. 스크루드라이버 역시 그들 중 하나다. 심플한 맛의 스크
루드라이버는 만드는 법과 칵테일에 얽힌 이야기 역시 아주 간단한
칵테일이다. 미국의 유전 기술자가 보드카에 오렌지주스를 섞을 때
스크루드라이버를 사용해서 이런 이름으로 불렸다는 설이 가장 많이
알려져 있다.

살짝 다른 맛의 오렌지주스라고 해도 모를 정도로 오렌지주스와 흡
사한 향과 맛을 가졌다. 하지만 오렌지주스에 보드카가 자연스레 스
며든 스크루드라이버는 절대 우습게 보지 말아야 할 칵테일들의 선
봉에 서 있다. 맛있다고 넙죽 마시기 전에, 스크루드라이버의 별명이
레이디 킬러임을 염두에 두기를.

오렌지주스와 보드카만 있으면 누구나 쉽게 만들 수 있으니 보드카
한 병을 구입해 만들어보는 게 어떨까.

술들은 이렇게 하나하나 쌓여가는 법이다.

하이볼 글라스

얼음

보드카
45mL

크랜베리주스
90mL

자몽주스
15mL

라임 또는 레몬 조각

## 만드는 법

하이볼 글라스에 얼음과 보드카 45mL,
크랜베리주스 90mL, 자몽주스 15mL를 부어준다.
라임 또는 레몬 조각으로 장식한다.

## 칵테일 토크

바닷바람, 특히 산들거리는 온화한 바람을 뜻하는 시 브리즈는 정말 멋들어지는 이름이다. 바닷가에 불어오는 너무 과하지 않은, 기분이 좋아지는 상쾌한 바람을 느껴봤던 사람이라면 누구나 그렇게 생각할 것이다.

칵테일 시 브리즈가 처음 등장한 시기는 대략 1920년대이다. 초기에는 진과 그레나딘 시럽으로 만들었으며, 에프리코트 브랜디와 레몬주스, 보드카에 다른 리큐어들이 사용되기도 했다. 이후 오션 스프레이Ocean Spray 사의 크랜베리주스가 들어가는 현재의 레시피로 널리 알려졌다. 한마디로 시 브리즈는 여러 모습을 보여주는 바닷바람처럼 다양한 모습으로 변해온 칵테일이다.

만들기 쉽고 부담 없는 맛의 칵테일 시 브리즈. 여기에서는 어떤 바닷바람을 찾을 수 있을까.

하이볼 글라스

셀러리 소금

얼음

우스터소스
4대쉬

타바스코 소스
2대쉬

보드카
45mL

클라마토 주스
적당량

라임 조각

셀러리

## 만드는 법

하이볼 글라스에 셀러리 소금을 묻힌다.

얼음을 넣고 우스터소스 4대쉬, 타바스코 소스 2대쉬를 뿌려준다.

보드카 45mL를 넣고 나머지를 클라마토 주스로 채워준다.

라임 조각과 셀러리로 장식한다.

## 칵테일 토크

캐나다의 국민 칵테일 시저, 쉽게 접했던 칵테일이 아닌데 뭔가 익숙하다. 시저 앞에 블러디를 붙이면, 바로 블러디 시저! 자동적으로 블러디 메리가 생각나는 이름이다. 두 칵테일은 모양과 이름, 레시피가 거의 비슷하다. 하지만 시저와 메리가 다른 사람이듯 두 칵테일 역시 분명 다른 칵테일이다. 물론 원조는 피의 여왕님이시다.

시저는 1969년 캐나다 캘거리의 첼Chell이란 바텐더가 봉골레 파스타에서 아이디어를 얻어 만들었다고 한다. 시저가 인기를 얻으며 아예 토마토주스와 모시조개 진액이 혼합된 클라마토 주스Clamato Juice가 따로 시판되었고, 지금은 셀러리 소금과 후추가 첨가된 클라마토 라이머Clamato Rimer란 제품도 있다. 상대적으로 재료를 구하기 힘든 우리나라에선 만나기 힘든 칵테일이었지만, 최근엔 사정이 좀 나아졌다. 블러디 메리도 그렇지만, 시저는 더욱 호불호가 갈리는 칵테일이다. 하지만 호불호가 갈리는 것들이 그렇듯 시저 역시 일단 좋아하게 되면 깊숙이 빠지게 되는 매력을 갖고 있다. 두고두고 생각나는 칵테일이 될지 모르니 한번 경험해보는 것을 주저하지 말자.

재료와 기법

세이커

얼음

보드카
30mL

사워 애플 리큐어
30mL

라임주스
15mL

칵테일글라스

사과 슬라이스

## ✔ 만드는 법

셰이커에 얼음과 보드카 30mL, 사워 애플 리큐어 30mL,
라임주스 15mL를 넣고 흔들어준다.
얼음을 걸러 칵테일글라스에 따라준 후
사과 슬라이스로 장식한다.

## ⋯ 칵테일 토크

칵테일의 왕 마티니는 그 종류 역시 어마어마한데, 그중에서도 애플 마티니는 당당히 상위권을 차지하고 있다. 한데 마티니라 하면 당연히 베르무트가 레시피에 들어가야 하지 않나 싶지만 이 칵테일에는 들어가지 않는다. 사용하는 재료들에서 짐작할 수 있듯이 애플 마티니는 기존의 마티니와는 전혀 다른 맛을 낸다. 아마도 보드카의 인기가 높아지면서 진 대신 보드카를 넣어 마시다가 베르무트도 빠지게 되고, 그 자리를 애플 리큐어들이 차지한 것이 아닐까 싶다.

애플 마티니는 별명도 많다. 1997년 할리우드의 롤라 레스토랑Lola's Restaurant의 한 바텐더가 처음 만들었는데, 그의 이름인 아담Adam을 따서 '울대뼈 마티니Adam's Apple Martini'란 별칭이 있다. 또 애플 마티니를 줄여서 귀엽게 애플티니Appletini라고 하기도 하는데, 때때로 애플 마티니와 다른 레시피로 만들기도 한다. 애플 스냅스Apple Snaps, 애플 잭Apple Jack 등 애플이라는 이름이 들어가는 여러 리큐어들이 레시피의 종류를 더해준다. 애플 리큐어 대신 오렌지 리큐어를 사용하기도 하고, 체리를 가니시로 추가하는 경우도 있다.

셰이커

얼음

보드카
30mL

커피 리큐어
30mL

슈가 시럽
10mL

에스프레소
1잔

칵테일글라스

커피빈

## ✔ 만드는 법

세이커에 얼음과 보드카 30mL, 커피 리큐어 30mL,
슈가 시럽 10mL, 에스프레소 1잔을 넣고 흔들어준다.
칵테일글라스에 얼음을 걸러 따라준 후
커피빈으로 장식한다.

## ⋯ 칵테일 토크

마티니에는 수많은 종류가 있다. 갖가지 재료들을 사용하는 마티니 중 커피를 사용하는 마티니가 없을 리 없다. 에스프레소 마티니는 1980년대 런던의 딕 브레드셀Dick Bradsell이란 바텐더가 만들었는데, 어느 날 젊은 모델이 들어와 술에서 깨워줄 한 잔을 만들어 달라는 거친 부탁(취한 모델의 입은 거칠었다고)을 받고 만들었다고 알려져 있다. 이후에 이 모델은 톱 모델이 되었다고는 하는데, 누구인지는 밝혀지지 않았다. 초창기 이 칵테일은 보드카 에스프레소로 불렸는데, 지금도 종종 그렇게 불리며 때로는 '각성제'로 불리기도 했다고 한다.

에스프레소와 커피 리큐어가 섞인 풍부한 커피 향에 보드카가 어우러지면서 적당하게 달짝지근한 맛이 난다. 하이라이트는 거품 위에 떠 있는 커피빈으로 보는 즐거움도 빼놓을 수 없는 칵테일이다. 커피 리큐어와 슈가 시럽으로 단맛을 조절하며, 우리나라에선 보통 1:1:1의 비율로 만들지만 보드카의 양을 2배로 하는 경우도 있다. 식후주로 제격이며, 특히 여성들에게 인기가 높다.

## 재료와 기법

| 세이커 | 얼음 | 보드카<br>30mL | 트리플 섹<br>15mL | 라임주스<br>15mL |
| --- | --- | --- | --- | --- |

| 크랜베리주스<br>15mL | 세이킹 | 칵테일글라스 | 오렌지 또는 레몬 필 |
| --- | --- | --- | --- |

## ✔ 만드는 법

셰이커에 얼음과 보드카 30mL, 트리플 섹 15mL,
라임주스 15mL, 크랜베리주스 15mL를 넣고 흔들어준다.
얼음을 걸러 칵테일글라스에 따른 후
오렌지 또는 레몬 필로 장식한다.

## … 칵테일 토크

코즈모Cosmo라고도 불리는 이 칵테일은 미국 드라마 〈섹스 앤 더 시티〉에 등장하여 크게 유행했다. 1930년대부터 만들어졌다고 하는데, 지금의 모습을 갖추게 된 것은 1980년대 뉴욕에서라고 알려져 있다. 비슷한 이름을 가진 뉴욕, 맨해튼, 브롱크스Bronx, 브루클린Brooklyn 등과 함께 뉴욕을 대표하는 칵테일로 꼽히며 세련된 색과 상큼한 맛으로 여성들에게 인기가 높다.

자신이 코즈모폴리턴을 만들었다고 주장하는 바텐더 셰릴 쿡Cheryl Cook은 앱솔루트 시트론Absolut Citron, 트리플 섹, 로즈 사의 라임주스, 크랜베리주스가 오리지널 레시피라 주장한다. 그런데 그녀가 코즈모폴리턴을 만들었다는 1987년에는 앱솔루트 시트론이 없었다. 쿡이 거짓말을 하고 있는 것일까 하는 의심이 들지만, 여기에는 반전이 있다. 그녀가 일하던 당시 플로리다 주 마이애미에서는 1988년 정식 출시 전 앱솔루트 시트론이 테스트 제품으로 풀렸었다고 한다. 그러니 쿡의 주장이 영 터무니없는 것은 아니다.

셰이커

얼음

보드카
30mL

슬로 진
15mL

드라이 베르무트
15mL

레몬주스
1티스푼

설탕

칵테일글라스

## ✔ 만드는 법

셰이커에 얼음과 보드카 30mL, 슬로 진 15mL,
드라이 베르무트 15mL, 레몬주스 1티스푼을 넣고 흔들어준다.
설탕을 묻힌 칵테일글라스에 얼음을 걸러 따라준다.

## ⋯ 칵테일 토크

섹스 온 더 비치 Sex On The Beach와 함께 이름 덕을 톡톡히 보고 있는 칵
테일이다. 잔에 묻은 설탕이 달콤한 시작을, 베르무트의 씁쓸한 향
이 중간을, 감춰진 듯 남아 있는 슬로 진이 마지막을 장식한다. 아름
답고 정열적인 붉은색, 키스의 달콤함과 강렬함을 나타내는 맛까지
모든 것이 키스 오브 파이어라는 이름과 잘 어울린다.

1953년 일본 나고야에서 개최한 제5회 일본 바텐더 경연대회의 우
승 칵테일로 이시오카 켄지 石岡賢司가 만들었다. 사실 '키스 오브 파
이어'는 탱고를 원곡으로 하는, 1950년대 초반 전 세계적으로 유
명했던 노래 제목으로 조지아 깁스 Georgia Gibbs, 루이 암스트롱 Louis
Armstrong, 페기 하야마 ペギー葉山 등이 불러 유명해졌다. 수많은 사람이
불렀던 키스 오브 파이어. 본인 취향의 키스 오브 파이어 노래를 레
시피에 추가하는 것도 나쁘지 않을 것이다.

하이볼 글라스

얼음

보드카
45mL

오렌지주스
적당량

빌딩

갈리아노
15mL

플로팅

체리

오렌지 슬라이스

## ✔ 만드는 법

하이볼 글라스에 얼음과 보드카 45mL를 넣고
오렌지주스를 부어준 뒤 가볍게 섞는다.
갈리아노 15mL를 띄워준다.
체리와 오렌지 슬라이스로 장식한다.

## ⋯ 칵테일 토크

하비 웰뱅어의 이름에 대해선 두 가지 설이 있다. 첫 번째는 서핑 선수 하비Harvey가 우승을 축하하는 혹은 떨어진 다른 선수들을 위로하는 자리에서 스크루드라이버에 갈리아노를 섞어 마시다가 과음으로 벽wall에 머리를 부딪치는bang 모습을 보고 이름을 붙였다는 이야기다. 다른 하나는 1952년 칵테일 대회 챔피언인 듀크 안톤Duke Anton이 만들고 갈라이노의 세일즈맨이 판매에 도움이 되고자 이와 같은 이름을 붙였다는 이야기다. 두 이야기 모두 캘리포니아가 배경인 것을 보면 그곳에서 시작된 것이 맞아 보이지만, 정확한 유래는 알 수 없다. 1971년부터 관련 기록이 발견되는 것을 보아 처음 만들어진 시기는 그 이전일 것으로 추측된다.

하비 웰뱅어는 스크루드라이버에 갈리아노를 띄우고 오렌지와 체리로 장식한 칵테일이다. 스크루드라이버를 만들기 위해 섞어주고 갈라이노를 띄워주니, 재료는 단출하나 기법은 두 가지나 사용된다. 갈리아노의 은은한 향이 유혹적이지만 하비 웰뱅어는 스크루드라이버처럼 조심해야 하는 술이다.

하비 웰뱅어 (Harvey Wallbanger)

셰이커

얼음

브랜디
25mL

크렘 드 카카오 브라운
25mL

우유
25mL

칵테일글라스

넛메그 가루

## ✔ 만드는 법

셰이커에 얼음과 브랜디 25mL, 크렘 드 카카오 브라운 25mL,
우유 25mL를 넣고 흔들어준다.
얼음을 걸러 칵테일글라스에 따른 후 넛메그Nutmeg 가루를 뿌려준다.

## ⋯ 칵테일 토크

브랜디 알렉산더, 줄여서 간단히 알렉산더라고 부르기도 한다. 각각
의 재료가 3분의 1씩 동일하게 들어가는 것이 특징으로 주재료(진
혹은 브랜디), 크림(라이트 혹은 헤비), 크렘 드 카카오(브라운 혹은
화이트) 중 어떤 것을 사용하느냐에 따라 No. 1, No. 2 등의 별칭이
붙는다.

우리나라에서는 1863년 영국의 국왕이었던 에드워드 7세와 알렉산
드라 왕후의 결혼을 기념하기 위해 만들어진 칵테일로 많이들 알고
있지만, 실은 1922년 영국 왕가의 메리 공주와 래슬스 자작의 결혼
을 축하하기 위해 해리 맥엘혼이 만든 칵테일 프린세스 메리Princess
Marry가 원조이다. 메리 공주의 풀 네임은 빅토리아 알렉산더 앨리스
메리Victoria Alexandra Alice Mary. 아마도 이름 때문에 알렉산드라 왕후와
메리 공주를 혼동하여 나온 이야기가 아닌가 싶다.

대표적인 식후주 중 하나이며, 부드럽고 단맛이 나므로 독한 술을
어려워하는 사람에게 좋다. 혹시나 너무 달지 않을까 하는 우려는
하지 않아도 된다. 그 생각이 날 즈음에는 브랜디가 마중 나올 테니.

코디얼 글라스

베네딕틴
15mL

브랜디
15mL

플로팅

## ✔ 만드는 법

코디얼 글라스에 베네딕틴 15mL를 따라준다.

바 스푼 뒷면을 이용해 브랜디 15mL를 띄워준다.

## ⋯ 칵테일 토크

베네딕틴 'B'enedictine에 브랜디 'B'randy를 띄운 비 앤 비는 색상처럼 차분하고 깔끔한 칵테일이다. 약간은 모자란 듯한 향으로 문을 연 뒤에 브랜디가 찾아오고, 무거워진 문을 다시 베네딕틴이 닫아준다. 코디얼 글라스로 즐기기에는 여운이 모자라서인지 브랜디 글라스에 적당한 양을 1:1로 플로팅해서 마시는 레시피로도 많이 즐긴다.

코디얼 글라스로 소량을 빠르게, 브랜디 잔으로 넉넉한 양을 여유롭게 즐겨도 좋다. 모두에게 모자람 없이 잘 어울리는 칵테일이다.

푸스 카페 스타일의 칵테일로 주로 식후주로 마신다. 식후주는 보통 식전주보다 도수가 높은 편이며 허브 리큐어가 들어가 소화를 도와주는 역할을 하는데, 비 앤 비도 허브 리큐어인 베네딕틴이 들어가 소화에 도움을 준다.

셰이커

얼음

브랜디
45mL

트리플 섹
20mL

레몬주스
20mL

칵테일글라스

## 만드는 법

셰이커에 얼음과 브랜디 45mL, 트리플 섹 20mL,
레몬주스 20mL를 넣고 흔들어준다.
칵테일글라스에 얼음을 걸러 따라준다.

## 칵테일 토크

트리플 섹, 레몬주스, 브랜디는 다들 향에 관한 한 빠지지 않는 음료
들이다. 이것들을 섞여주니 브랜디의 쓸쓸함은 끝맛에 남지만 전체
적으로 향과 맛은 물론이요, 색까지도 상큼하다. 글라스 가장자리에
설탕을 묻히거나 오렌지로 장식하는 경우도 있다.

사이드카란 이름의 유래로 가장 많이 알려진 것은 제1차 세계대전
접전지였던 프랑스 어느 지역을 점령한 군인들의 이야기이다. 승전
을 축하하기 위해 이륜차 옆에 장착한 사이드카에 코냑과 쿠앵트로
를 잔뜩 실어와 레몬주스를 섞어 마신 것이 시초라는 설이다. 또 다
른 이야기로 프렌치 75가 태어난 뉴욕 바에서 만들어졌다는 설도 있
다. 하지만 지금까지 런던과 파리의 유명한 바들은 서로가 사이드카
를 처음 만들었다고 주장하고 있어 어느 것이 사실인지 알 수 없다.
이 외에도 한 바텐더가 이 칵테일을 선보였을 때 밖에서 사이드카가
시끄럽게 지나가는 바람에 그렇게 불렀다는 이야기도 있다. 또한 자
동차 사고 시 운전자 옆자리에 탄 사람이 더 많은 피해를 입게 되는
데, 옆자리에 타는 사람들이 주로 여자들이었기 때문에 레이디 킬러
칵테일이란 의미로 사이드카라 불렀다는 설도 있다.

세이커

얼음

브랜디
45mL

크렘 드 민트 화이트
15mL

칵테일글라스

## ✔ 만드는 법

셰이커에 얼음과 브랜디 45mL, 크렘 드 민트 화이트 15mL를 넣고 흔들어준다.
칵테일글라스에 얼음을 걸러 따라준다.

## ⋯ 칵테일 토크

'찌르는 것', '가시 돋친 말'이란 뜻을 지닌 스팅어. 그 이름처럼 칵테일 역시 톡 쏘는 맛이다. 깊은 풍미의 브랜디와 상큼하게 퍼지는 크렘 드 민트 화이트의 조화가 과연 어울릴까 싶지만 그것은 괜한 걱정일 뿐, 브랜디와 페퍼민트 향이 어우러져 마시고 난 뒤 시원함이 은은하게 남는다. 오래전부터 많은 사람들이 즐겨 찾는 칵테일이며, 주로 식후주로 마신다.

영화 〈상류사회〉에서도 스팅어가 등장한다. 여주인공 그레이스 켈리Grace Kelly는 스팅어를 가리키면서 빙 크로스비Bing Crosby에게 "이게 뭔가요?"라고 묻는다. 그는 "상큼한 꽃들의 주스인 스팅어Stinger입니다. 침Sting은 뺏습니다."라고 답한다. 이 영화에서처럼 스팅어는 한때 사교계 사람들을 상징하는 칵테일이었다. 1900년대 초반 미국 사교계의 대표 주자였던 레져널드 밴더빌트Reginald Vanderbilt가 굉장히 좋아했던 칵테일로도 유명하다.

셰이커

얼음

에프리코트 브랜디
45mL

드라이진
1티스푼

레몬주스
15mL

오렌지주스
15mL

칵테일글라스

## ☑ 만드는 법

셰이커에 얼음과 에프리코트 브랜디 45mL, 드라이진 1티스푼,
레몬주스 15mL, 오렌지주스 15mL를 넣고 흔들어준다.
얼음을 걸러 칵테일글라스에 따라준다.

## ⋯ 칵테일 토크

레시피를 보면 에프리코트 브랜디에 레몬주스와 오렌지주스가 들
어가고 드라이진은 1티스푼만 가미되니, 새콤달콤하며 그다지 무겁
지 않은 맛을 떠올릴 것이다. 또한 살구, 레몬, 오렌지, 거기에 소량
의 진이 들어간 절묘한 조합은 좋은 향을 기대하게 한다. 실제로 에
프리코트의 맛과 향 모두 이런 예상과 기대에 어긋나지 않는다.
솔직히 말하자면 이 칵테일에 얽힌 특별한 이야기는 없다. 이름조차
'살구'라니. 하지만 때로는 이렇게 단순, 솔직한 칵테일도 나쁘지 않
을 것이다.

푸스 카페 글라스

그레나딘 시럽
1/3잔

크렘 드 민트 그린
1/3잔

브랜디
1/3잔

## 푸스 카페 (Pousse Cafe)

## ✓ 만드는 법

푸스 카페 글라스에 바 스푼 뒷면을 사용하여
그레나딘 시럽, 크렘 드 민트 그린, 브랜디를
각각 3등분하여 차례대로 띄워 쌓는다.

## ⋯ 칵테일 토크

푸스Pousse는 프랑스어로 '밀린', '떠밀린'이란 뜻을 갖고 있다. 즉 푸스 카페는 커피를 밀어낸다는 말로, 식후 커피를 마신 뒤나 혹은 커피 대신 식후주로 마신다. 처음에는 커피에 다른 재료들을 넣어서 만들다가 점차 지금과 같은 형태로 발전하지 않았나 싶다. 들어가는 재료들 역시 식후주에 자주 사용되는 재료들이다.

오늘날 푸스 카페란 명칭은 칵테일 이름이기도 하지만, 재료를 쌓아서 만드는 칵테일 제조 기법, 즉 플로팅 혹은 레이어링을 가리키기도 한다. 보통 6개나 3개의 재료를 쌓아서 만들며, 재료의 양은 항상 똑같이 n분의 1로 나눠 쌓는다(6개의 재료가 들어갈 때는 보통의 샷 글라스나 코디얼 글라스보다 좀 더 큰 푸스 카페 글라스를 사용하곤 한다). 그레나딘 시럽, 크렘 드 민트 그린, 브랜디는 거의 항상 들어가며 사이사이에 조금씩 다른 재료가 추가되곤 한다. 층층이 쌓여 있는 재료들은 푸스 카페의 매력은 충분히 보여주며 마실 때 색다른 맛을 느끼게 해준다.

# HONEY.MOON

셰이커

얼음

애플 브랜디
25mL

베네딕틴
25mL

트리플 섹
8mL

레몬주스
15mL

칵테일글라스

## ✅ 만드는 법

셰이커에 얼음과 애플 브랜디 25mL, 베네딕틴 25mL,
트리플 섹 8mL, 레몬주스 15mL를 넣고 흔들어준다.
얼음을 걸러 칵테일글라스에 따라준다.

## 💬 칵테일 토크

이름에 걸맞게 신혼여행을 갔다면 응당 마셔줘야 하는 칵테일이다.
일생에 두 번 없을 허니문이니 애플 브랜디로 칼바도스를, 트리플
섹은 쿠앵트로나 그랑 마니에르를 쓰는 것을 추천한다.
1930년경 로스엔젤리스의 브라운 더비Brown Derby 레스토랑에서 허
니문과 같은 레시피의 농부의 딸Farmer's Daughter이란 칵테일이 판매
되었기에 이곳에서 처음 만들어졌다는 이야기가 있으나 분명한 것
은 아니다. 결혼 후 한 달 동안 먹는 술에서 유래했다는 이야기도 있
지만, 이 역시 허니문의 탄생과 거리가 멀다. 그것은 허니 와인Honey
Wine이라 불리는 아주 오래된 술이다.
허니문에는 꿀이 들어가지 않는다. 신혼부부 사이에서 꿀 냄새가 넘
쳐흘러 굳이 첨가할 필요를 느끼지 못했을지도 모른다. 꿀이나 설탕
이 들어가지 않아서 달콤한 이름과는 사뭇 다른 맛과 향을 지니고 있
다. 단맛이 아예 없진 않지만 베네딕틴의 허브 향이 짙게 올라오며
깔끔한 맛이 난다.

셰이커

얼음

화이트 럼
45mL

라임주스
15mL

설탕
1티스푼

칵테일글라스

## ❤ 만드는 법

셰이커에 얼음과 화이트 럼 45mL, 라임주스 15mL,
설탕 1티스푼을 넣고 흔들어준다.
칵테일글라스에 얼음을 걸러 따라준다.

## ··· 칵테일 토크

다이키리는 쿠바에 있는 광산의 이름이다. 그곳에서 일하던 광부들
이 럼에 라임주스를 타서 마시던 것을 제이닝 콕스Jennings Cox란 미
국의 기술자가 보고 다이키리라고 이름 붙였다고 한다. 럼 베이스의
칵테일들이 그렇듯 상큼하고 강렬한 맛을 자랑한다. 럼과 라임의 천
생연분에 설탕이 들어가 달콤한 맛까지 있어 자신도 모르게 취하기
좋은 칵테일이다.

다이키리가 유명해진 것은 모히토와 함께 어니스트 헤밍웨이Ernest
Hemingway가 사랑한 술이었기 때문이다.

"나의 다이키리는 엘 플로리타에서My Daiquiri in El Floridita"

헤밍웨이가 즐겼던 다이키리는 화이트 럼 75mL, 라임 혹은 레몬 2
개, 자몽 1/2개, 마라스키노 리큐어Maraschino Liqueur 6드롭으로 만들어
진다. 이 레시피는 헤밍웨이 다이키리Hemingway Daiquiri 혹은 파파 도
블레Papa Doble라고 불린다.

하이볼 글라스     얼음     진저비어
적당량     블랙 럼
60mL

라임 조각

## ❯ 만드는 법

하이볼 글라스에 얼음을 넣고 진저비어로 채운 뒤
블랙 럼 60mL를 부어준다.
라임 조각으로 장식한다.

## … 칵테일 토크

다크 앤 스토미는 럼의 본고장인 카리브해 버뮤다에서 가장 인기 있는 칵테일이다. 상큼하고 시원한 맛으로 여름에 즐기기 제격이다. 블랙 럼을 언제 넣느냐에 따라 맛과 색이 변하는데, 진저비어를 먼저 넣고 블랙 럼을 넣으면 하늘부터 어두워지고 블랙 럼을 넣고 진저비어를 넣으면 바다부터 어두워진다. 물론 맛 또한 그렇게 변한다.

사실 다크 앤 스토미는 버뮤다 럼 주류회사 고슬링Gosling's Rum ltd에서 자사 제품인 블랙 실Black Seal을 홍보하기 위해 만든 시그니처 칵테일이다. 고슬링 사는 진저비어도 판매하고 있는데, 블랙 실과 고슬링 진저비어를 사용해야 진정한 다크 앤 스토미라 주장한다.

이들의 주장처럼 다크 앤 스토미는 럼과 진저비어의 선택이 굉장히 중요하다. 어떤 제품을 쓰는지에 따라 아예 다른 칵테일이 될 수도 있으니까. 고슬링 사의 블랙 럼과 진저비어를 사용해도 좋지만, 무엇보다 자신의 취향에 맞는 제품을 사용하는 것이 좋다. 그것이 진짜 좋은 다크 앤 스토미를 만나는 방법일 테니까.

블렌더

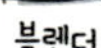

크러시드 아이스

화이트 럼
40mL

트리플 섹
25mL

파인애플주스
30mL

오렌지주스
30mL

라임주스
30mL

그레나딘 시럽
10mL

허리케인 글라스

파인애플 조각

체리

## ✔ 만드는 법

블렌더에 크러시드 아이스와 화이트 럼 40mL,
트리플 섹 25mL, 파인애플주스 30mL, 오렌지주스 30mL,
라임주스 30mL, 그레나딘 시럽 10mL를 넣고 갈아준다.
허리케인 글라스에 따라준 후 파인애플 조각과 체리로 장식한다.

## ⋯ 칵테일 토크

블루 하와이안Blue Hawaiian, 피나 콜라다가 자신만의 바다를 가지고
있는 것처럼 마이 타이도 그렇다. 하와이 바다나 카리브해에도 뒤지
지 않는 남태평양이 마이 타이의 바다다. 트로피컬 칵테일의 여왕이
라 불리며, 시원하고 부담이 없어 무더운 여름에 제격이다. 상큼하
고 달콤한 맛으로 특히 여성들에게 인기가 많다.

마이 타이는 트레이더 빅스Trader Vic's의 주인이었던 빅터 베르게론
Victor J. Bergeron이 1944년에 만들었다고 한다. 그의 타이티인 친구가
이 칵테일을 마시고 "Maita'i Roa Ae"라고 외친 데서 그 이름이 유래
했단다. 이 말의 뜻은 '이 세상에 없는! 최고!!'라는 의미라고 한다.
한편 트레이더 빅스와 비슷한 티키 스타일 레스토랑을 운영했던 돈
비치Donn Beach는 자신들이 1933년 이미 마이 타이를 만들었다고 주
장하여 다툼이 일기도 했다. 트레이더 빅스의 이야기가 널리 퍼져
있는 것을 봤을 때 누가 그 다툼에서 이겼는지 쉽게 짐작할 수 있을
것이다.

49<br>마<br>이<br>타<br>이<br>(Mai Tai)

# MoJiTo

모히토

콜린스 글라스

민트잎
적당량

라임주스
30mL

설탕
2티스푼

얼음

화이트 럼
45mL

소다수
적당량

196

## ✔ 만드는 법

콜린스 글라스에 적당량의 민트잎, 라임주스 30mL,
설탕 2티스푼을 넣고 잘 으깨 섞어준다.
얼음과 화이트 럼 45mL를 넣고 소다수로 채워준다.

## ⋯ 칵테일 토크

"모히토에서 몰디브 한 잔"

그렇지 않아도 인기가 많았던 모히토는 영화 속 대사 하나로 더욱
주가를 올리게 되었다. 화이트럼에 라임과 설탕, 민트잎과 소다수까
지 더해지니 맛은 물론 보기에도 시원하다. 최근에는 라임을 구하기
쉬워져 누구나 가볍게 만들 수 있다. 소다수가 들어가 알코올에 대
한 부담이 적어 많은 사람이 좋아하는 칵테일이다. 민트를 대신해
깻잎을 넣어 만드는 방식이 방송을 타 유행하기도 했다.
모히토 역시 헤밍웨이가 즐겨 마셨던 칵테일로 유명하다.
"나의 모히토는 라 보기에타에서 My Mojito in La Bodeguita"

세이커

얼음

바카디 럼
45mL

라임주스
20mL

그레나딘 시럽
10mL

칵테일글라스

라임 조각

## ✔ 만드는 법

셰이커에 얼음과 바카디 럼 45mL, 라임주스 20mL,
그레나딘 시럽 10mL을 넣고 흔들어준다.
얼음을 걸러 칵테일글라스에 따라준 후 라임 조각으로 장식한다.

## … 칵테일 토크

럼 제조사이자 거대한 주류회사 중 하나인 바카디 사와 같은 이름
을 가진 칵테일이다. 다이키리에서 설탕이 그레나딘 시럽으로 바뀐
것을 제외하면 레시피상 큰 차이는 없으며, 맛도 거의 비슷하다. 하
지만 다이키리와는 분명 다른 칵테일이다. 우선 칵테일의 색이 다
르고, 무엇보다 바카디를 만들 때는 꼭 바카디 럼을 써야 한다. 이와
관련된 유명한 일화로 뉴욕의 어느 바에서 바카디 럼이 아닌 다른
럼을 넣은 바카디 칵테일이 나와 손님이 바를 고소한 사건이 있었
다. 그러나 실제 고소를 한 것은 손님이 아니라 바카디 사였다고 한
다. 어쨌거나 1936년 미국 법원은 바카디 칵테일에는 꼭 바카디 럼
만을 사용해야 한다는 판결을 내렸다. 이로 인해 바카디 칵테일은
법적으로 레시피가 정해진 최초의 칵테일이 되었다.

재료와 기법

블렌더

크러시드 아이스

화이트 럼
30mL

코코넛 럼
30mL

블루 퀴라소
30mL

파인애플주스
75mL

블렌딩

필스너 글라스

파인애플 조각

체리

## ✔ 만드는 법

블렌더에 크러시드 아이스와 화이트 럼 30mL, 코코넛 럼 30mL, 블루 퀴라소 30mL, 파인애플주스 75mL를 넣고 갈아준다. 필스너 글라스에 따라준 후 파인애플 조각과 체리로 장식한다.

## ⋯ 칵테일 토크

새파란 바다로 유명한 하와이, 그곳의 칵테일 블루 하와이안! 피나 콜라다가 카리브해라면, 블루 하와이안은 하와이의 바다다. 블루 하와이안은 시원한 향과 달짝지근한 맛이 일품인 칵테일이다.

1957년 하와이 힐튼 호텔의 유명 바텐더 해리 이Harry Yee가 볼스 사의 요청에 따라 블루 하와이Blue Hawaii를 만들었고, 이것을 변형해 블루 하와이안이 만들어졌다. 유사한 이름 때문인지 지금은 거의 같은 칵테일로 인식하지만, 블루 하와이는 코코넛 럼 대신 레몬주스 혹은 보드카와 사워 믹스를 사용한다.

하와이의 푸른 바다를 볼 수 없다면, 아쉬운 대로 하와이 바다와 닮은 칵테일 한 잔은 어떨까. 푸른 바다와 파도를 닮은 칵테일을 앞에 두고, 엘비스 프레슬리Elvis Presley의 노래 〈Blue Hawaii〉를 들으며.

## 재료와 기법

세이커

얼음

화이트 럼
30mL

골드 럼
30mL

블랙 럼
30mL

에프리코트 브랜디
30mL

라임주스
30mL

파인애플주스
30mL

세이킹

콜린스 글라스

151 프루프 럼
15mL

플로팅

민트잎

## ✔ 만드는 법

셰이커에 얼음과 화이트 럼 30mL, 골드 럼 30mL, 블랙 럼 30mL,

에프리코트 브랜디 30mL, 라임주스 30mL,

파인애플주스 30mL를 넣고 흔들어준다.

콜린스 글라스에 얼음까지 모두 따라준 뒤

151 프루프 럼 15mL를 띄워준다.

민트잎으로 장식한다.

## ⋯ 칵테일 토크

화이트, 골드, 블랙의 세 가지 럼에 리큐어와 주스, 높은 도수의 또 다른 럼이 들어간다. 첫 모금부터 강렬한 럼의 맛을 지나 여러 과일의 맛과 향이 느껴지는가 하면 다시금 럼이 강렬하게 올라온다. 양도 대단해서 섣부르게 다가갔다간 말 그대로 좀비가 될 수 있는 무시무시한 칵테일이다. 처음 좀비를 선보였을 땐 1인당 1잔씩만 판매했다고. 한번 맛을 본 사람들이 좀비처럼 줄곧 이 칵테일만 찾게 되었다는 둥, 좀비처럼 맛이 갔다는 둥, 해장술로 알고 마신 뒤 일을 망쳐 남은 인생을 좀비처럼 살게 되었다는 둥 참으로 많은 유래와 이야기들이 얽혀 있는 칵테일이다.

마이 타이와 함께 티키 스타일 칵테일의 양대 산맥으로, 돈 비치의 코머 레스토랑에서 1930년대에 처음 선보였다. 현재는 수많은 레시피가 있지만, 트로피컬 스타일의 이 레시피가 오리지널일 것으로 추정된다.

하이볼 글라스

얼음

화이트 럼
45mL

라임주스
10mL

콜라
적당량

라임 조각

## ❤ 만드는 법

하이볼 글라스에 얼음과 화이트 럼 45mL, 라임주스 10mL를 넣는다. 나머지를 콜라로 채워준 후 라임 조각으로 장식한다.

## … 칵테일 토크

스페인의 식민지였던 쿠바는 여러 차례 독립 전쟁을 치렀으며, 결국 미국의 도움으로 독립에 성공할 수 있었다. 쿠바 리브레는 당시 미군들이 아바나의 한 호텔에서 럼과 콜라를 섞어 마시던 것에서 유래했다고 알려져 있다. 1898년 독립 전쟁 승리 이후 미국산 콜라가 수입되기 시작한 1900년쯤을 쿠바 리브레의 탄생 시기로 본다. 흔히 말하는 럼 앤 코크 Rum & Coke에 라임주스가 들어간 칵테일로 이 간단한 레시피가 최고의 조합을 보여준다.

쿠바만큼 자유라는 단어가 어울리는 나라가 또 있을까. 스페인에 독립한 쿠바는 반세기 이후 다시 자유를 위한 전쟁을 치른다. 아이러니하게도 그 상대는 독립하는 데 도움을 주었던 미국이었다. 자유를 향한 끊임없는 몸부림은 쿠바를 사랑했던 이들의 이미지로 인상 깊게 새겨졌다. 스페인으로부터의 자유를 이끌었던 호세 마르티 Jose Marti, 미국으로부터의 자유를 이끈 피델 카스트로 Fidel Castro, 자유를 위한 혁명가 체 게바라 Che Guevara, 자유로운 삶을 꿈꿨던 헤밍웨이까지……. 자유를 갈망하는 그들의 정체성을 잊지 않는, 쿠바라는 나라가 영원하기를 응원한다. 쿠바 리브레!

블렌더

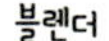

크러시드 아이스

화이트 럼
45mL

피나 콜라다 믹스
60mL

파인애플주스
60mL

허리케인 글라스

파인애플 조각

체리

## 만드는 법

블렌더에 크러시드 아이스와 화이트 럼 45mL,
피나 콜라다 믹스 60mL, 파인애플주스 60mL를 넣고 갈아준다.
허리케인 글라스에 따라준 후 파인애플 조각과 체리로 장식한다.

## 칵테일 토크

스페인어로 피나는 파인애플을, 콜라다Colada는 '쥐어 짜낸', '거르는'
이란 뜻이다. 우리나라에서는 '파인애플 언덕'으로 알려져 있는데,
아마도 콜라다와 콜라도Collado의 철자를 착각한 것이 아닐까 싶다.
하지만 파인애플 언덕이라는 뜻도 칵테일과 잘 어울린다.

피나 콜라다는 1800년대 푸에르토리코의 해적 로베르토 코프레시
Roberto Cofresi가 선원들을 위해 럼에 코코넛과 파인애플을 넣어 만든
것이 시초라고 한다. 선원들은 그들의 힘든 삶을 달래주는 이 술에
푹 빠졌다고. 코프레시가 죽으며 같이 사라졌었다는 전설의 술 피나
콜라다는 1954년 푸에르토리코 카리브 힐튼 호텔의 바텐더 라몬 몬
치토 마레로Ramon Monchito Marrero가 현재의 레시피로 되살려 큰 인기를
얻었고, 1978년에는 푸에르토리코의 공식 술이 되었다.

믹스를 직접 만들어도 되지만 시중에 나와 있는 제품을 사용하면 훨
씬 간편하게 만들 수 있다. 많은 레시피가 있지만 대부분 갈아낸 파
인애플에 코코넛 크림을 섞어 만들며, 라임즙이나 주스를 추가한다.

세이커

얼음

테킬라
45mL

트리플 섹
15mL

라임주스
15mL

마르가리타 글라스

소금

208

## ✔ 만드는 법

셰이커에 얼음과 테킬라 45mL, 트리플 섹 15mL,
라임주스 15mL을 넣고 흔들어준다.
소금을 묻힌 마르가리타 글라스에 얼음을 걸러 따라준다.
장식할 경우 라임을 가니시로 쓴다.

## … 칵테일 토크

전용 글라스가 있을 정도로 유명한 칵테일이며, 많은 이들이 좋아할
만한 매력적인 맛을 가지고 있다. 테킬라에 라임주스와 오렌지 리큐
어가 들어가 상큼한 맛이 일품이다. 잔의 가장자리인 림 부분에 묻
힌 짭짤한 소금은 마르가리타의 트레이드 마크이자 들어간 재료들
과 최고의 궁합을 자랑한다.

한편 마르가리타는 상큼한 맛과 달리 무거운 면도 갖고 있다. 어느
바텐더가 총기 사고로 죽은 연인을 기리며 그 이름을 칵테일에 붙였
다는 이야기가 전해지기 때문이다. 그러나 누가 그 이야기의 주인공
인지, 누가 마르가리타를 처음 만들었는지는 명확하지 않다. 한 가
지 확실한 것은 마르가리타는 분명 여자의 이름이라는 것이다. 호세
쿠에르보가 내세웠던 "마르가리타, 여자의 이름보다도 더"라는 슬
로건처럼 말이다.

셰이커

얼음

테킬라 레포사도
45mL

크렘 드 카시스
15mL

라임주스
15mL

콜린스 글라스

진저비어
적당량

라임 슬라이스

## 만드는 법

세이커에 얼음과 테킬라 레포사도 45mL,
크렘 드 카시스 15mL, 라임주스 15mL를 넣고 흔들어준다.
콜린스 글라스에 얼음을 걸러 따라준 후 진저비어로 채운다.
라임 슬라이스로 장식한다.

## 칵테일 토크

디아블로는 스페인어로 '악마', '마왕'을 말한다. 엘 디아블로의 정확한 기원은 알려지지 않았지만,《Trader Vic's Book of Food and Drink》(1946)에 '멕시칸 엘 디아블로Mexican El Diablo'란 이름이 나온다. 하지만 그보다 앞선 1940년경 멕시코에서 만들어졌다는 이야기도 있다.

테킬라를 베이스로 한 칵테일로 악마라는 이름과 딱 맞아 떨어지는 강렬한 붉은색으로 유명하다. 악마가 인간을 예상할 수 없는 방법으로 유혹하듯, 엘 디아블로의 맛 역시 예상외로 상큼하다. 테킬라에 카시스와 라임의 향에 녹아들고 그 위를 진저비어가 덮어 청량감을 준다. 지글지글 타오르는 여름에 시원하게 즐기기에 좋은 칵테일이다.

엘 디아블로는 진저비어가 맛에 가장 큰 영향을 끼친다. 프리미엄 진저비어나 자기 취향에 맞는 진저비어를 사용하면 더 무서운(?) 악마와 만날 수 있을 것이다.

# TEQUILA SUNRISE
## 테킬라 선라이즈

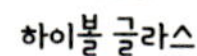

하이볼 글라스

얼음

테킬라
45mL

오렌지주스
적당량

빌딩

그레나딘 시럽
15mL

플로팅

## ✔ 만드는 법

하이볼 글라스에 얼음과 테킬라 45mL를 넣고 나머지를 오렌지주스로 채워준다.

그레나딘 시럽 15mL를 바 스푼 뒷면을 이용해 띄워준다.

장식할 경우 오렌지 조각, 체리를 가니시로 쓴다.

## ⋯ 칵테일 토크

테킬라의 인기에 적지 않은 힘을 보태왔던 테킬라 대표 칵테일이다. 1970년대 롤링 스톤즈The Rolling Stones의 믹 거재Mick Jagger가 아꼈다 하고, 이글스Eagles의 2집 앨범 〈desperado〉에 실리기도 했으며, 1980년대 멜 깁슨Mel Gibson의 영화 〈불타는 태양〉에도 등장하면서 인기를 얻어왔다.

초기에는 크렘 드 카시스와 라임주스, 소다수를 이용해서 만들었는데, 미국으로 수입되는 과정에서 현재의 레시피로 바뀐 것으로 추측된다.

그레나딘 시럽이 가라앉으며 예쁘게 색이 물드는데, 이 그러데이션을 만드는 것이 가장 중요하다. 테킬라 선라이즈는 만드는 방법도 들어가는 재료도 까다롭지 않아 다가서기 쉽다. 오렌지주스가 테킬라의 맛을 살짝 감춰줘 술을 잘 마시지 못하는 사람들에게도 인기가 많다.

LIQUEUR
**COCKTAIL**

## B-52

샷 글라스

칼루아
15mL

베일리스
15mL

그랑 마니에르
15mL

플로팅

## ✔ 만드는 법

샷 글라스에 바 스푼 뒷면을 이용하여 칼루아 15mL,

베일리스 15mL, 그랑 마니에르 15mL를 층층이 쌓는다.

재료는 1:1:1의 비율로 꼭 순서대로 넣어야 하며

각 재료를 넣을 때마다 바 스푼과 지거는 반드시 세척하여 사용한다.

## ⋯ 칵테일 토크

B-52는 '하늘을 나는 요새'라는 별명으로 베트남전과 걸프전에서 활약한 전략 폭격기의 이름이다. 하지만 전투기에서 칵테일 이름을 따온 것인지는 확실하지 않다. 캐나다 앨버타의 반프 스프링 호텔의 바텐더 피터 피치 Peter Fich가 좋아하는 밴드의 이름을 따서 만들었다는 이야기도 있기 때문이다. 또한 B-52는 다양한 시리즈로도 유명하다.

B-51  그랑 마니에르 대신 프란젤리코 Frangelico를 사용한 것

B-53  베일리스 대신 삼부카 Sambuca를 사용한 것

B-54  그랑 마니에르 대신 아마레또 Amaretto를 사용한 것

B-55  그랑 마니에르 대신 압생트를 사용한 것

B-52는 플로팅 기법을 써 술의 비중에 따라 층을 쌓아 만드는 푸스카페 스타일을 대표하는 칵테일이다. 세 가지 리큐어의 조합은 언뜻 조화롭지 않아 보이지만 제법 잘 어울린다. 바카디 151을 맨 위에 띄워 불을 붙여 마시기도 하며, 빨대로 아래층부터 마시기도 한다.

셰이커

얼음

크렘 드 민트 그린
30mL

크렘 드 카카오 화이트
30mL

우유
30mL

칵테일글라스

## 만드는 법

세이커에 얼음과 크렘 드 민트 그린 30mL,
크렘 드 카카오 화이트 30mL, 우유 30mL를 넣고 흔들어준다.
얼음을 걸러 칵테일글라스에 따라준다.

## 칵테일 토크

딱 봐도 이름과 맞아 떨어지는 칵테일이 있다. '메뚜기'라는 뜻을 가진 이 밝은 녹색의 칵테일 또한 그러하다.

그래스호퍼는 뉴올리언스에 있는 투야그 레스토랑Tujague's Restaurant의 필립 기쉐phillip guichet가 만들었다고 알려져 있다. 이 칵테일로 뉴욕의 한 대회에서 준우승을 차지했다고 하는데, 그 시기에 대해선 1910년대와 1920년대로 팽팽하게 맞선다. 금주법 시행 전이라는 주장과 금주법 시기에 만들어졌으나 공식 기록이 없을 뿐이란 주장이다.

크림, 민트, 카카오라는 식후주에 적당한 조합과 독특한 색을 좋아한 주부들에 의해 1950~60년대 파티나 가족 만찬에서 굉장한 인기를 끌었다. 톡 쏘는 민트 향과 달콤한 카카오, 우유의 부드러움이 잘 어우러지는데, 특히 민트를 좋아하는 사람들에겐 최고로 추앙받을 만큼 민트의 향과 청량감이 두드러진다.

같은 재료들이 3분의 1씩 들어간다는 점과 크림, 카카오를 쓴다는 점에서 알렉산더와 비슷하다. 1:1:1의 비율로 층을 쌓아 푸스 카페 스타일로 만들기도 한다.

**60**

그래스호퍼 (Grasshopper)

세이커

얼음

미도리
45mL

레몬주스
15mL

슈가 시럽
1티스푼

하이볼 글라스    or    사워 글라스

소다수
적당량

체리

### ✔ 만드는 법

셰이커에 얼음과 미도리 45mL, 레몬주스 15mL,
슈가 시럽 1티스푼을 넣고 흔들어준다.
얼음을 걸러 하이볼 글라스나 사워 글라스에 따라준 후
소다수로 채워준다.
체리로 장식한다.

### ⋯ 칵테일 토크

산토리Suntory 사의 멜론 리큐어인 미도리를 사용하여 만든다. 칵테일의 인기가 미도리의 인지도를 높이는 데 큰 몫을 하고 있다. 미도리는 '녹색'을 뜻하며, 사워는 '시큼한'이라는 뜻을 가지고 있다.
재료들을 넣고 셰이킹한 후 소다수로 채우거나 사워 믹스를 사용해 만들기도 한다. 국내에선 소다수 대신 사이다를 주로 사용하며, 얼음을 넣고 체리로 장식하는 경우도 많다. 어떻게든 상큼한 맛만 낸다면 좋다고나 할까. 딱히 정해진 레시피가 없는 칵테일이다.
멜론 향을 풍기며 상큼하고 달콤한 맛의 미도리는 무알코올 음료라고 생각될 정도로 술맛을 느끼기 어렵다. 초록색의 매력 때문인지 비슷한 색의 준 벽과 함께 여성에게 많은 사랑을 받으며, 홈바나 작은 파티에서 애용되는 칵테일이다.

세이커

얼음

슬로 진
45mL

레몬주스
15mL

설탕
1티스푼

얼음

하이볼 글라스

소다수
적당량

레몬 조각

## ✔ 만드는 법

셰이커에 얼음과 슬로 진 45mL, 레몬주스 15mL,
설탕 1티스푼을 넣고 흔들어준다.
얼음을 넣은 하이볼 글라스에 내용물을 걸러 따라준 후
소다수로 채워준다.
레몬 조각으로 장식한다.

## ⋯ 칵테일 토크

진 피즈 레시피에서 드라이진 대신 슬로 진을 사용해 만드는 칵테일이다. 리큐어인 슬로 진은 드라이진보다 도수가 낮고 단맛이 강해 마실 때 부담이 적다. 피즈란 말에서 알 수 있듯이 소다수가 들어가며, 설탕과 레몬주스에 레몬 조각까지 들어가니 슬로 진의 양만 조절하면 무알코올 음료와 비슷하게 만들 수 있다. 독한 술을 좋아하지 않거나 가벼운 칵테일을 즐기는 사람들, 특히 여성들에게 인기가 많다. 물론 슬로 진 대신에 보통의 진을 넣어 좀 더 강하게 마시는 것도 가능하다.

야생 자두의 향과 달콤하고 시큼한 맛이 시원한 탄산과 어우러져 가볍게 마시기에 좋다. 슬로 진에서 나오는 붉은색 또한 이 칵테일을 즐기는 이유 중 하나일 것이다.

올드 패션드 글라스

얼음

캄파리
30mL

스위트 베르무트
30mL

소다수
적당량

오렌지 슬라이스

## ✔ 만드는 법

올드 패션드 글라스에 얼음과 캄파리 30mL,
스위트 베르무트 30mL를 넣고, 나머지는 소다수로 채워준다.
오렌지 슬라이스로 장식한다.

## ⋯ 칵테일 토크

아메리카노는 네그로니의 원조 격인 칵테일이다. 더 거슬러 올라가
아메리카노의 원조 격인 칵테일은 1860년 캄파리의 바에서 처음 선
보인 캄파리와 스위트 베르무트 푼테메스Punt e Mes로 만든 밀라노 토
리노Milano Torino다. 캄파리는 밀라노에서, 푼테메스는 토리노에서 생
산되었기에 이런 이름이 붙었으며, 유독 미국인들이 즐겨 마셨기에
이후 아메리카노라 불리게 되었다고 한다.
커피 아메리카노와 이름이 같아서 바에서 주문한 것과 다른 음료를
받는 웃지 못할 경우도 심심찮게 생겼다고 한다.
네그로니와 마찬가지로 식전주로 유명하다.

셰이커

얼음

멜론 리큐어
30mL

코코넛 럼
15mL

바나나 리큐어
15mL

파인애플주스
60mL

스위트 앤 사워 믹스
60mL

얼음

콜린스 글라스

파인애플 조각

체리

## ✔ 만드는 법

셰이커에 얼음과 멜론 리큐어 30mL, 코코넛 럼 15mL,
바나나 리큐어 15mL, 파인애플주스 60mL,
스위트 앤 사워 믹스 60mL를 넣고 흔들어준다.
얼음이 담긴 콜린스 글라스에 내용물을 걸러 따라준 후
파인애플 조각과 체리로 장식한다.

## ⋯ 칵테일 토크

'6월의 벌레'처럼 준 벅도 상큼한 초록색이다. 준 벅은 패밀리 레스토랑 'T.G.I 프라이데이스' 한국 지점에서 만들어진 칵테일이다. 1994년 부산점에서 처음으로 만들었다는 설이 있지만 정확한 시기와 장소, 만든 사람에 대한 것은 확인되지 않는다. 태어난 곳이기 때문인지, 특히 우리나라에서 인기가 높은 칵테일이다.

멜론 리큐어가 들어가는 칵테일답게 당연 미도리를 가장 많이 사용하며, 코코넛 럼으로는 말리부를 주로 사용한다. 리큐어와 주스, 다양한 음료들이 섞인 칵테일로 마시기에 부담이 없고, 상큼 달콤한 맛으로 여성에게 인기가 많다.

큐브드 아이스 대신 크러시드 아이스를 넣어서 만들기도 한다.

# KAHLUA MILK 칼루아 밀크

올드 패션드 글라스

얼음

칼루아
45mL

우유

## ✔ 만드는 법

올드 패션드 글라스에 얼음과 칼루아 45mL를 넣고
나머지를 우유로 채운 뒤 가볍게 섞어준다.

## ⋯ 칵테일 토크

간단한 레시피로 한결같은 사랑을 받는 칵테일이다. 단 두 가지 재료만 들어가지만 분위기를 내는 데는 그만이다. 대중적인 맛으로 크게 취향을 타지 않다는 장점이 있다. 자칫 너무 달 수 있는 칼루아를 우유가 부드럽게 만들어줘 적절한 달콤함을 만들어낸다.

보드카와 섞는 다른 칼루아 칵테일과 달리 우유가 들어가 술을 잘 마시지 못하는 사람이라도 부담 없이 즐길 수 있다. 식후에 마시기 좋으며, 홈바나 작은 파티에서 즐기기에도 좋다.

수많은 리큐어 중에 무엇을 구입해야 하는지 고민 중이라면 여러모로 활용도가 높은 칼루아를 추천한다.

자료와 기법

믹싱 글라스

얼음

선운산 복분자주
60mL

트리플 섹
15mL

스터링

플루트 샴페인 글라스

스프라이트
60mL

빌딩

## ✔ 만드는 법

믹싱 글라스에 얼음과 선운산 복분자주 60mL,
트리플 섹 15mL를 넣고 휘젓는다.
얼음을 걸러 플루트 샴페인 글라스에 따라준다.
스프라이트 60mL를 넣고 가볍게 섞어준다.

## ⋯ 칵테일 토크

전라북도 고창 선운산 지역은 품질 좋은 복분자가 나오기로 유명하다. '복분자覆盆子'는 장미과에 속하는 야생딸기 열매로, 잘 알려진 것처럼 그 열매를 먹은 아이兒가 소변으로 요강盆을 엎었기覆에 그런 이름을 붙였다는 설화가 있다. 복분자를 발효시켜 여과한 뒤 숙성하여 만드는 복분자주 역시 약주로 유명하다.

칵테일 고창은 베이스로 쓰이는 복분자주의 도수가 높지 않고, 스프라이트가 들어가서 마시기에 부담이 없다. 복분자와 오렌지의 향, 스프라이트의 탄산을 살짝 가두는 플루트 샴페인 글라스를 주로 사용한다.

세이커    얼음    금산 인삼주    커피 리큐어    애플 퍼커
                  45mL    15mL    15mL

라임주스    세이킹    칵테일글라스
1티스푼

## ✔ 만드는 법

셰이커에 얼음과 금산 인삼주 45mL, 커피 리큐어 15mL, 애플 퍼커Apple Pucker 15mL, 라임주스 1티스푼을 넣고 흔들어준다. 얼음을 걸러 칵테일글라스에 따라준다.

## ⋯ 칵테일 토크

'코리아'라고 처음 불렀던 고려. 그 고려를 유명하게 했던 것 중 하나가 바로 인삼이다. 현재 우리나라에서 인삼 생산과 유통의 80%를 차지하고 있는 충남 금산의 인삼은 무려 1500년의 역사를 가지고 있다. 1500년 전 강 처사라는 사람이 어머니의 병을 낫게 해달라고 기도를 했더니, 산신령이 나타나 빨간 열매가 달린 풀뿌리를 달여 먹이면 병이 나을 거라고 했다. 강 처사는 그 말대로 온 산을 뒤져 그 뿌리를 찾아내 어머니의 병을 낫게 했다고 한다. 짐작하듯 빨간 열매의 뿌리는 삼이었고, 그 뿌리를 재배하기 시작한 것이 지금의 금산 인삼이 되었다고 한다.

금산은 몸에 좋은 약술인 금산 인삼주를 베이스로 하여 만드는 칵테일이다.

세이커

얼음

진도 홍주
30mL

크렘 드 민트 화이트
15mL

청포도주스
25mL

라즈베리 시럽
15mL



칵테일글라스

## ✔ 만드는 법

세이커에 얼음과 진도 홍주 30mL, 크렘 드 민트 화이트15mL, 청포도주스 25mL, 라즈베리 시럽 15mL를 넣고 흔들어준다. 얼음을 걸러 칵테일글라스에 따라준다.

## ··· 칵테일 토크

진돗개로 유명한, 우리나라에서 세 번째로 큰 섬인 진도. 예로부터 농사가 잘되고 바다로부터 풍부한 해산물을 얻을 수 있어 보배 섬이라 불렸다고 한다. 3보寶라 하여 진돗개, 돌미역, 구기자가 유명한데, 여기에 하나가 더 추가되어 4보로 불릴 수 있게 되었으니, 바로 진도의 전통주 홍주다.

홍주는 보리쌀에 누룩을 넣고 발효시킨 후 증류한 소주를 약재 버섯인 지초를 넣은 삼베에 통과시켜 만든다. 이렇게 만들어진 술이 붉은색을 띠고 있기에 홍주라고 불린다. 모든 전통주가 그렇듯 주세령과 곡물관리법 속에 위기를 맞았지만, 다행히 지금까지 명맥을 이어오고 있다. 이는 은밀히 홍주를 만들어 판매한 부녀자들 덕분이었다고 한다.

칵테일 진도는 약술로 유명한 진도 홍주를 베이스로 만든다.

**68**

진도(Jindo)

세이커

얼음

안동 소주
30mL

트리플 섹
10mL

애플 퍼커
30mL

라임주스
10mL

칵테일글라스

사과 슬라이스

## ✔ 만드는 법

셰이커에 얼음과 안동 소주 30mL, 트리플 섹 10mL,
애플 퍼커 30mL, 라임주스 10mL를 넣고 흔들어준다.
얼음을 걸러 칵테일글라스에 따라준 후 사과 슬라이스로 장식한다.

## … 칵테일 토크

우리나라에서 가장 인기 있고, 가장 많이 마시는 칵테일은 소맥이
다. 또한 우리나라에서 아니, 전 세계에서 가장 많이 팔리는 술은 바
로 소주다. 그만큼 우리에게 소주를 제외하고 술을 논한다는 것은
있을 수 없는 일일 것이다. 풋사랑은 바로 소주로 만드는 칵테일이
다. 엄밀히 말해 풋사랑에 들어가는 소주는 우리가 보통 먹는 희석
식 소주가 아닌 증류식 소주, 그중에서도 안동 소주지만 말이다.
안동 소주와 어우러진 애플 퍼커와 라임주스가 상큼함과 옅은 초록
색을 만든다. 그러나 모든 풋사랑엔 씁쓸함이 있는 법. 이루어지지
않은 풋사랑의 씁쓸함은 안동 소주가 책임진다.

얼음

감홍로
45mL

베네딕틴
10mL

크렘 드 카시스
10mL

스위트 앤 사워 믹스
30mL

칵테일글라스

래몬 필

세이커

## ✔ 만드는 법

셰이커에 얼음과 감홍로 45mL, 베네딕틴 10mL,
크렘 드 카시스 10mL, 스위트 앤 사워 믹스 30mL를 넣고
흔들어준다.
얼음을 걸러 칵테일글라스에 따라준 후 레몬 필로 장식한다.

## ⋯ 칵테일 토크

몸에 좋은 술들은 아주 오래전부터 있어왔다. 서양의 리큐어들처럼 우
리나라 전통주에도 여러 약재가 들어가는 약술이 있다. 감홍로와 베네
딕턴, 동서양의 약술이 만난 이 칵테일은 얼마나 많은 치유의 힘을 가
지고 있을까? 이름마저 힐링이니 실망시키지 않으리라 믿는다.
지나친 약은 독이 될 수 있다. 칵테일도 마찬가지다. 진정한 힐링을
원한다면 적절한 처방과 함께 적당한 수위 조절이 필요하다.

25
인기 칵테일
1 올드 패션드
2 네그로니
3 새즈락
4 맨해튼
5 마티니

6 다이키리
7 마르가리타
8 모히토
9 마이 타이

10 위스키 사워
11 다크 앤 스토미
12 모스크바 뮬
13 블러디 메리
14 좀비
15 민트 줄렙
16 피나 콜라다
17 김렛
18 코즈모폴리턴
19 에스프레소 마티니
20 프렌치 75
21 톰 콜린스
22 엘 디아블로
23 행키 팽키
24 사이드카
25 싱가포르 슬링

# 여름에 어울리는 칵테일 SUMMER COCKTAILS

마이 타이

모스크바 뮬

모히토

민트 줄렙

블루 하와이안

상그리아

좀비

피나 콜라다

맨해튼

브랜디 알렉산더

블루 블레이저

아이리시 커피

에스프레소 마티니

올드 패션드

프렌치 75

핫 토디

# 음악과 함께하는 칵테일

## MUSIC FOR COCKTAILS

뉴욕
♬ Frank Sinatra – New York, New York

러스티 네일
♬ Queen – Play The Game

맨해튼
♬ Ella Fitzgerald – Misty

시 브리즈
♬ Lisa Ono – I wish You Love

애플 마티니
♫ Fly Me To The Moon

올드 패션드
♫ Bill Evans - Waltz For Debby

쿠바 리브레
♫ Buena Vista Social Club -Candela

키스 오브 파이어
♫ Kiss of Fire

테킬라 선라이즈
♫ Eagles - Tequila Sunrise

풋사랑
♫ 전람회 - 첫사랑

피나 콜라다
♫ Mocca - Happy

하비 웰뱅어
♫ The Beach Boys - Surfin' U.S.A

# 조주기능사 출제 칵테일

실기 40 칵테일

**진**
Gin

네그로니　　마티니　　싱가포르 슬링

**테킬라**
Tequila

마르가리타　　테킬라 선라이즈

**위스키**
Whisky

뉴욕　　러스티 네일　　맨해튼　　올드 패션드　　위스키 사워

**와인**
Wine

키르

※실기 기출문제와 정확한 레시피는 한국바텐더협회(http://www.bartender.or.kr)에서 확인할 수 있다.

오랜 시간 꾸준하게 변해왔던 칵테일은 앞으로도 더 다양한 모습으로 발전해 새로운 모습과 흥미로운 이야기들을 더해갈 것이다.

"이 안내서 한 권이면 칵테일을 알아가는 여행 준비는 충분하니 걱정 없이 떠나기만 하면 된다."라고 말하고 싶지만, 그저 칵테일을 알아가는 여정을 위해 나서는 문까지만이라도 제대로 안내했기를 바란다.

무엇보다 앞서 말했던 칵테일이 가지고 있는 수많은 재미, 멋, 매력을 조금이라도 만났기를.

다행인 것은 이제는 칵테일을 다양한 곳에서 다양한 방법으로 어렵지 않게 만나볼 수 있는 세상이 되었다는 것이다. 괜찮은 바들도 점차 늘어나 실력 있는 바텐더들이 만드는 맛 좋은 칵테일을 맛볼 수 있고, 밖으로 나가지 않아도 집 안에서 직접 칵테일을 만들 수도 있다. 이전에는 비법처럼 전수되던 여러 레시피와 기법들을 책이나 영상을 통해 누구나 쉽게 따라 배울 수 있는 세상이 되었으니 말이다.

한 잔의 칵테일 속에는 수없이 많은 것들이 들어있다. 가장 작은 재료조차 각자의 이야기와 역사를 가지고 있다. 그 안에서 무엇을 찾아내고, 만나고, 자신의 것으로 만들지는 각자의 몫이자 즐거움이 될 것이다.
또한 그런 것에 관심이 없다면 어떠랴!
이런저런 것을 다 떠나서 자신에게 맞는 한 잔을 술을 찾을 수 있다면, 그것 또한 칵테일을 만나는 좋은 방법일 테니 말이다.

어쨌든 문밖으로 나서게 되었다면,
두근거리는 여행은 이제 시작이다.

COCKTAIL

232 진도
120 진토닉
122 진 피즈
226 칼루아 밀크
170 코즈모폴리턴
204 쿠바 리브레
106 키르
172 키스 오브 파이어
212 테킬라 선라이즈
124 톰 콜린스
126 파라다이스
186 푸스 카페
234 풋사랑
128 프렌치 75
206 피나 콜라다
174 하비 월뱅어
150 핫 토디
130 행키 팽키
188 허니문
236 힐링